中国野外观花系列03

HANDBOOK OF WILD FLOWERS IN EAST CHINA

华东野外观花手册

李 敏 刘 军 编著

河南科学技术出版社
·郑州·

图书在版编目（CIP）数据

华东野外观花手册 / 李敏，刘军编著．—郑州：河南科学技术出版社，2015.2
（中国野外观花系列）
ISBN 978-7-5349-7203-4

Ⅰ．①华… Ⅱ．①李… ②刘… Ⅲ．①野生植物—花卉—华东地区—手册 Ⅳ．① Q949.408-62

中国版本图书馆 CIP 数据核字 (2014) 第 162241 号

生物中国 总策划：周本庆

出版发行：河南科学技术出版社
地址：郑州市经五路 66 号　邮编：450002
电话：（0371）65737028　65788613
网址：www.hnstp.cn

策　　划：李　敏　　责任编辑：杨秀芳　陈　艳
封面设计：张　伟　　版式设计：宣　晶　赵明月
责任校对：柯　姣　　责任印制：张　巍
印　　刷：北京盛通印刷股份有限公司
经　　销：全国新华书店
幅面尺寸：113mm × 181mm　印张：8　字数：215 千字
版　　次：2015 年 2 月第 1 版　2015 年 2 月第 1 次印刷
定　　价：39.80 元

序

我国地域辽阔，横跨寒温带、温带、亚热带和热带，囊括了全球除极地冻原以外的所有主要植被类型，有草原、荒漠、热带雨林、常绿阔叶林、落叶阔叶林、针叶林、高原高寒植被等，仅有花植物就有近 3 万种，是世界野生植物资源最为丰富的国家之一，被誉为“世界园林之母”。

中国植物图像库（www.plantphoto.cn）自 2008 年建站以来，得到各界学者、友人的大力支持，注册用户达 23 000 余人，共享各类植物彩色照片 200 万余幅，涵盖了中国野生植物一半以上的种类。我们从中精选出具有重要观赏价值的野生花卉 2 000 余种，照片 6 500 余幅，按照我国七大行政地理分区，分为华北、东北、华东、华中、华南、西南、西北七册出版。在物种选择上尽可能地包括本地区最具有观赏价值的野生花卉，同时为兼顾在科属水平上的代表性，同属植物仅收录其最常见到的物种。本册收录了华东地区具有重要观赏价值的野生花卉 91 科 267 属 437 种，其中 230 种为主要描述种，重点介绍了植物的分类、识别特征、花期和分布等信息，部分物种还选取了与其形态上相似的 1~2 个相近物种进行了简要描述。

为方便查找使用，本手册按照花色和花型为序编排。需要特别说明的是，植物花朵万紫千红，部分物种花色变异丰富多彩，我们将花瓣最主要的颜色分为白、黄、橙、红、紫、蓝、棕、绿等八种颜色予以索引，请使用时在相近的颜色中查阅。部分花型也仅是看起来像或者接近的花型，而非科学分类，部分可能显得比较牵强，请使用者注意辩证看待。本手册还配有常用术语图解、本地区野生花卉资源等专题性说明，文后还有中文名索引、拉丁名索引等。希望本书能成为您野外郊游识别植物的好参谋。

由于编者时间及精力有限，准备和推敲不够，错误、疏漏及欠缺之处，敬请广大读者批评指正。

中国科学院植物研究所
系统与进化植物学国家重点实验室　**李　敏**

浙江大学　**刘　军**

二〇一四年十二月

使用指南

分类名称

分别为拼音、中文名、俗名、拉丁学名*、科属。

* 拉丁学名以《Flora of China》为标准。

生境、花期**

** 花期受纬度、海拔和气温的影响较大。

形态特征

主要参考《中国植物志》网站（frps.eflora.cn）数据，有删减。

相近种概述

简要介绍与本种花形相近（花色可能不同）的 1~2 种花卉的特征，以及对应的图片编号。

dùlí

杜梨

Pyrus betulifolia Bunge

科属：蔷薇科，梨属。

生境：平原或山坡阳处。

花期：4月。

乔木。树冠开展，枝常具刺；二年生枝条紫褐色。叶片菱状卵形至长圆卵形，先端渐尖，基部宽楔形，具齿。伞形总状花序，有花 10~15 朵；苞片膜质，线形，早落；萼片三角卵形，先端急尖，全缘；花瓣宽卵形，先端圆钝，基部具有短爪，白色；雄蕊 20 枚，花药紫色，长约花瓣之半；花柱 2~3 个。果实近球形，褐色，有淡色斑点，萼片脱落。①②③

相近种　山荆子（*Malus baccata* (Linnaeus) Borkhausen）萼片披针形，先端渐尖；花瓣白色，倒卵形，基部有短爪④。

16

检索顺序（快速索引页码参见护封握口）

第一步：判断花色

白　黄　橙　红　紫　蓝　棕　绿

第二步：判断花型

辐射对称花　头状花序　左右对称花　穗状花序　伞状花序

dàhuāsháolán
大花杓兰
Cypripedium macranthos Swartz
科属：兰科，杓兰属。
生境：林下、林缘或草坡。
花期：6~7月。

多年生草本。片通常5枚，长椭圆形至宽椭圆形，全缘，基部渐狭成鞘状抱茎。花苞片下部者叶状，但明显小于下部叶片；花顶生，紫色，常1朵，偶有2朵者；中萼片宽卵形；合萼片比中萼片短与狭，先端二齿状裂；花瓣卵状披针形；唇瓣卵球形，内折侧裂片舌状三角形；退化雄蕊矩圆状卵形；花药扁球形。子房弧曲。①②③

相近种　紫点杓兰（*Cypripedium guttatum* Swartz）花单生茎顶，白色，带紫色斑点④。

175

花色花型索引

花色和花型排序，底色为花色、图案为花型。

花型大致分为辐射对称花、头状花序、左右对称花、穗状花序、伞状花序五类。一般花小而多的，则按照花序排列。

目　录

术语图解

花的结构

花是被子植物的繁育器官，在其生活周期中占有极其重要的地位。花可以看作是一种不分枝，节间缩短，适应于生殖的变态短枝，花梗和花托是枝条的一部分，花萼、花冠、雌蕊和雄蕊是着生于花托上的变态叶。

同时具有花萼、花冠、雌蕊和雄蕊的花为完全花，缺少其中一部分的花为不完全花。一朵花中既有雌蕊又有雄蕊的花是两性花，只有雌蕊的单性花为雌花，只有雄蕊的单性花为雄花。部分植物无花冠称为单被花，其花萼特化为花瓣状，如铁线莲、郁金香等。生于花下方的叶称为苞片，有时也特化为花瓣状，如珙桐、四照花、叶子花等。

花型

十字形花冠　漏斗状花冠　钟状花冠　轮(辐)状花冠　蝶形花冠　唇形花冠　筒状花冠　舌状花冠

花序

总状花序　穗状花序　头状花序　伞形花序　伞房花序

叶的结构

叶型

单叶（全缘） 单叶（羽状分裂） 单叶（掌状分裂） 羽状复叶 掌状复叶

叶形

条形 披针形 卵形 椭圆形 圆形 心形 戟形

叶缘

全缘 锯齿 重锯齿 波状 钝齿状 半裂 掌状深裂 羽状深裂

叶序

叶互生 叶对生 叶轮生 叶簇生

华东观花指南

本手册所指的华东地区包括上海、山东、江苏、安徽、浙江、江西、福建和台湾共七省一市，位于我国东南部，东濒黄海、东海和太平洋，北临渤海，从北向南依次与华北地区的河北省、华中地区的河南、湖北、湖南三省、华南地区的广东省相接。

华东地区在自然区域地貌上属于华东华中丘陵平原区，境内有江河、湖泊、山地、丘陵、平原、半岛、沿海滩涂、岛屿等多种地形。长江、黄河、淮河三大水系横贯其中，较大的淡水湖有江西的鄱阳湖，江苏的太湖、洪泽湖，安徽的巢湖，山东的南四湖等。江南山地多丘陵，山体大多为东北—西南走向，江北鄂、豫、皖三省交界的大别山则呈西北—东南走向；海拔 1000 米以上的主要山体有台湾的玉山、雪山等；山东的泰山、崂山等；安徽的黄山、大别山等；浙江的凤阳山—百山祖、西天目山、雁荡山、浙皖交界的清凉峰等；江西的庐山、三清山，湘赣交界的罗霄山、闽赣交界的武夷山等，其中玉山主峰海拔 3 952 米，为华东地区第一峰，大陆部分则以武夷山的主峰黄岗山（海拔 2 157.7 米）为最高。福建武夷山、江西龙虎山、龟峰、安徽齐云山和浙江江郎山等地有独特的“丹霞地貌”。山东、江苏、上海、浙江、福建及台湾，沿海滩涂、岛屿众多，其中台湾岛为我国第一大岛，山东半岛居我国三大半岛之首，大陆部分海岸线南部多曲折，北部较平直。

本地区气候上以淮河为界，跨越南北，从北到南为暖温带、北亚热带和中亚热带季风型气候，季节性变化明显，四季分明，雨量充沛，多集中于夏季，冬季北部常有大雪。地带性土壤，山东半岛多棕壤，江南山地和丘陵中多数为红壤，砂页岩上发育形成黄壤多为壤土，黄棕壤则大部见于长江中下游平原和大别山区。

华东地区地带性植被为常绿、落叶阔叶混交林和常绿阔叶林，江南山地的植被一般较好。复杂的地形和气候造就了丰富的生物多样性，本区域中被《中国生物多样性保护战略与行动计划》（2011~2030 年）列为生物多样性保护优先区域的包括黄山—怀玉山区、大别山区、武夷山区、鄱阳湖区，黄渤海保护区域和东海及台湾海峡保护区域。浙江的百山祖、古田山和天童山三个森林样地作为中亚热带常绿阔叶林的代表，是中国森林生物多样性监测网络的一部分。

华东种子植物区系，植物种类复杂繁多，已知的有 174 科 1 180 属 4 259 种（含亚种及变种，以下同）。华东野花资源丰富，单以浙江一省统计，具有较高观赏价值的野花就有 1 100 多种（仅指观花类）。本手册代表性地收录了华东地区具有重要观赏价值的野生花卉 91 科 267 属 437 种。

华东地区推荐的野花观赏地包括：山东的崂山，安徽的黄山，浙皖交界的清凉峰，浙江的西天目山、凤阳山—百山祖，江西的庐山、三清山、井冈山，闽赣交界的武夷山；沿海及湿地部分则推荐江苏的云台山、浙江的舟山群岛—南麂岛，福建的厦门，台湾全岛，上海的九段沙，山东的黄河三角洲等地。

shuǐbiē

马尿花 水鳖

Hydrocharis dubia (Blume) Backer

科属：水鳖科，水鳖属。
生境：静水池沼中。
花期：8~10月。

多年生浮水草本。叶簇生，有时伸出水面；叶心形或圆形，先端圆，基部心形，全缘，下面中央有蜂窝状贮气组织。雄花序腋生；佛焰苞2枚，膜质透明，具红紫色条纹，苞内具雄花5~6朵，每次1朵开放；萼片3枚，离生，长椭圆形；花瓣3枚，黄色，与萼片互生，近圆形。雌佛焰苞小，苞内雌花1朵；花瓣3枚，白色，基部黄色，宽倒卵形或圆形。①②③

相近种 **矮慈姑** ***Sagittaria pygmaea*** Miq. 叶片线形或线状披针形；花序总状，花2~3轮，白色，花瓣近圆形④。

shānmùtōng

山木通 九里花，雪球藤

Clematis finetiana H. Lév. & Vaniot

科属：毛茛科，铁线莲属。

生境：疏林、溪边、灌丛、石缝。

花期：4~6 月。

木质藤本。茎圆柱形，有纵条纹，小枝有棱。三出复叶，基部有时为单叶；小叶革质，窄卵形或披针形，先端渐尖，基部圆或浅心形，全缘。花常单生，或为聚伞花序、总状聚伞花序，腋生或顶生，有花 1~3 朵，少数 7 朵以上而成圆锥状聚伞花序，通常比叶长或近等长；苞片小，钻形。萼片 4~6 枚，白色，平展，窄披针形；花药窄长圆形或线形，顶端具小尖头。瘦果镰状纺锤形，具黄褐色羽毛状宿存花柱。①②③④

sìzhàohuā

四照花

Cornus kousa subsp. ***chinensis***
(Osborn) Q. Y. Xiang

科属：山茱萸科，山茱萸属。
生境：森林中。
花期：5~7 月。

落叶小乔木。叶对生，纸质或厚纸质，卵形或卵状椭圆形。头状花序圆形，约由 40~50 朵花聚集而成；总苞片 4 枚，白色，卵形或卵状披针形，花小，花萼管状，上部 4 裂；花盘垫状；子房下位，花柱圆柱形。果序圆形，成熟时红色；总果梗长而纤细。①②③

相近种　**香港四照花** ***Cornus hongkongensis*** Hemsl. 常绿乔木或灌木。叶对生，薄革质至厚革质，椭圆形至长椭圆形；花瓣淡黄色，倒卵状长圆形④。

xīnyèzhūgěcài

心叶诸葛菜

Orychophragmus limprichtianus
(Pax) Al-Shehbaz & G. Yang

科属：十字花科，诸葛菜属。
生境：林下，路边及山坡岩旁。
花期：3~5 月。

近危种。直立草本。单叶，基生叶叶片卵状心形；茎生叶叶片三角状心形，边缘有粗大锯齿。总状花序顶生和腋生，花瓣白色，4 枚，长圆形或倒卵状楔形，顶端微凹，基部有极短的爪。长角果线形。①②

相近种 **白花碎米荠** ***Cardamine leucantha*** (Tausch) O. E. Schulz 羽状复叶。花瓣白色，匙形或长圆状楔形③。**碎米荠** ***Cardamine hirsuta*** L. 总状花序生于枝顶，花小，花梗纤细；花瓣倒卵形，顶端钝，向基部渐狭④。

绣球藤

柴木通，三角枫

Clematis montana Buch.-Ham. ex DC.

科属：毛茛科，铁线莲属。

生境：山坡、山谷灌丛中、林边或沟旁。

花期：4~6 月。

木质藤本。枝具纵沟。三出复叶；小叶纸质，卵形至椭圆形，先端渐尖，基部宽楔形或圆形，边缘具缺刻状锯齿。花 2~4 朵，与数枚叶自老枝腋芽生出。萼片 4 枚，白色，稀带粉红色，开展，倒卵形；花药窄长圆形，顶端钝。瘦果卵圆形，宿存花柱羽毛状。①②③

相近种　**女萎** ***Clematis apiifolia*** DC. 圆锥状聚伞花序，多花，萼片 4 枚，狭倒卵形，白色，平展④。

báiěrcài

白耳菜

Parnassia foliosa Hook. f. & Thomson

科属：虎耳草科，梅花草属。

生境：山坡、水沟边或路边潮湿处。

花期：8~9 月。

草本。基生叶丛生，肾形，先端圆，常有钝头，基部心形，全缘。茎生叶半抱茎。花单生茎顶，花萼绿色，萼片卵形或长圆形，花后反折；花瓣白色，5 枚，卵形或三角状卵形，基部楔形，有爪，边缘细裂成流苏状；雄蕊 5 枚，间有退化雄蕊 5 枚，丝状 3 深裂，顶端各有一圆形腺体。蒴果扁圆形。①②③

相近种　**睡菜** ***Menyanthes trifoliata*** L. 总状花序。花冠白色，筒形，上部内面被长流苏状毛，深裂④。

báijuānméi

金瓜果，九活头 # 白鹃梅

Exochorda racemosa (Lindl.) Rehder

科属：蔷薇科，白鹃梅属。
生境：山坡阴地。
花期：5 月。

灌木。叶椭圆形、长椭圆形至长圆状倒卵形，全缘；总状花序有花 6~10 朵。花瓣 5 枚，白色，倒卵形，先端钝，基部缢缩成短爪；雄蕊 15~20 枚，3~4 枚成束着生花盘边缘与花瓣对生。蒴果倒圆锥形。①②③

相近种　**东亚唐棣** ***Amelanchier asiatica*** (Siebold & Zucc.) Endl. ex Walp. 总状花序；花瓣 5 枚，细长，长圆披针形或卵状披针形，先端急尖，白色④。

chìyángyè

赤杨叶 白花盏，红皮岭麻

Alniphyllum fortunei (Hemsl.) Makino

科属：安息香科，赤杨叶属。

生境：常绿阔叶林中。

花期：4~7 月。

①

②

③

④

乔木。叶纸质，椭圆形或倒卵状椭圆形，具锯齿，两面疏被星状柔毛，具白粉。总状花序或圆锥花序，顶生或腋生；花冠白色或略带粉红色，5 裂，裂片长卵形；雄蕊 10 枚，花丝基部合生成筒。①②

相近种 **芬芳安息香** ***Styrax odoratissimus*** Champ. ex Benth. 总状或圆锥花序顶生；花冠裂片椭圆形或倒卵状椭圆形，花蕾时作覆瓦状排列③。**栓叶安息香** ***Styrax suberifolius*** Hook. & Arn. 花冠 4~5 裂，裂片披针形或长圆形，花蕾时作镊合状排列④。

diǎndìméi

佛顶珠，天星花 **点地梅**

Androsace umbellata (Lour.) Merr.

科属：报春花科，点地梅属。

生境：林缘、草地和疏林下。

花期：2~4 月。

一年生或二年生草本。主根不明显，具多数须根。叶全基生，近圆形或卵形，先端钝圆，基部浅心形至近圆形，边缘具三角状钝牙齿。伞形花序具花 4~15 朵；苞片卵形或披针形。花萼杯状，分裂近基部，裂片菱状卵形，果时增大至星状展开；花冠白色，裂片倒卵状长圆形。蒴果近圆形，果皮白色，近膜质；果柄长达 6 厘米。①②③④

ézhǎngcǎo

鹅掌草 二轮七，林荫银莲花

Anemone flaccida F. Schmidt

科属：毛茛科，银莲花属。

生境：山地谷中草地或林下。

花期：4~6 月。

多年生草本。叶片心状五角形，3 全裂，中裂片菱形，3 裂近中部，具不等齿；侧裂片不等 2 深裂。花 2~3 朵；萼片 5 枚，白色，倒卵形或椭圆形。花丝丝状。①②③

相近种 **獐耳细辛** ***Hepatica nobilis*** var. ***asiatica*** (Nakai) H. Hara 花萼片 6~11 枚，白色、粉红色或堇色，狭长圆形④。

fēiéténg

白花藤，马郎花 **飞蛾藤**

Dinetus racemosus (Roxb.) Sweet

科属：旋花科，飞蛾藤属。

生境：灌丛生于石灰岩山地。

花期：夏秋。

攀缘灌木。茎缠绕，草质，圆柱形。叶卵形，先端渐尖或尾状，具钝或锐尖的尖头，基部深心形；叶柄短于或与叶片等长。圆锥花序腋生，具或多或少宽阔的分枝，少花或多花，苞片叶状，抱茎，小苞片钻形；花柄较萼片长；萼片相等，线状披针形，果时全部增大，长圆状匙形，钝或先端具短尖头，基部渐狭；花冠漏斗形，白色，管部带黄色，5裂至中部，裂片开展，长圆形；雄蕊内藏；柱头2裂。蒴果卵形，具小短尖头。①②③④

hǎitóng

海桐

Pittosporum tobira (Thunb.) W. T. Aiton

科属：海桐花科，海桐花属。

生境：归化于森林、山地、海岸沙地。

花期：3~5 月。

常绿灌木或小乔木。叶聚生枝顶，倒卵形，叶片先端圆钝，常微凹，全缘。伞形或伞房花序顶生，密被黄褐色柔毛；花白色，有香气，后黄色；花瓣 5 枚，倒披针形，离生。蒴果圆形，有棱或三角状，3 瓣裂。种子多数，红色。①②③

相近种　**海金子** ***Pittosporum illicioides*** Makino 叶薄革质，倒卵状披针形或倒披针形，先端渐尖，基部窄楔形；花梗长，下弯④。

huángshāndùjuān

黄山杜鹃

***Rhododendron maculiferum* subsp. *anwheiense* (E. H. Wilson) D. F. Chamb.**

科属：杜鹃花科，杜鹃属。

生境：林缘、绝壁上以及山谷旁或密林中。

花期：5~6月。

常绿灌木。叶簇生枝顶；叶片卵形、卵状椭圆形或椭圆形，基部圆形，全缘。顶生伞形总状花序，常有绵毛状柔毛，有花6~10朵；花冠粉红色至近白色，钟形，5裂，裂片圆形，边缘波状，上方裂片基部内面有紫红色斑点；雄蕊10枚，短于花冠。蒴果圆柱形。①②③

相近种　云锦杜鹃 ***Rhododendron fortunei*** Lindl. 总状伞形花序有花6~12朵；花冠漏斗状钟形，粉红色，7裂④。

jiāngnánsànxuèdān

江南散血丹

Physaliastrum heterophyllum
(Hemsl.) Migo

科属：茄科，散血丹属。
生境：山坡或山谷林下潮湿地。
花期：5~8 月。

多年生草本。植株高达 60 厘米；具极短的根状茎。叶宽椭圆形、卵形或椭圆状披针形，基部歪斜，楔形下延，全缘或稍波状。花单生或双生。花冠宽钟状，白色，冠檐 5 浅裂，裂片扁三角形，具缘毛；雄蕊长为花冠之半。浆果。①②③

相近种　苦蘵 ***Physalis angulata*** L. 花冠淡黄色，喉部具紫色斑纹④。

jiǎpópónà

假婆婆纳

Stimpsonia chamaedryoides
C. Wright ex A. Gray

科属：报春花科，假婆婆纳属。
生境：丘陵、低山草坡和林缘。
花期：4~5 月。

一年生草本。全株被腺毛。茎纤细，直立或上升。基生叶椭圆形或宽卵形，基部圆形或微心形；茎生叶卵形或近圆形。花多数，单生于茎上部苞片状叶腋，成总状花序状。花冠白色或淡紫色，高脚碟状，喉部不缢缩，有柔毛，裂片楔状倒卵形，先端微凹，在花蕾中覆瓦状排列；雄蕊着生花冠筒中部。蒴果圆形，5 瓣裂达基部，比宿存花萼短。①②③④

jīnyīngzǐ

金樱子 刺梨子，山石榴

Rosa laevigata Michx.

科属：蔷薇科，蔷薇属。

生境：向阳山野、田边、溪畔灌木丛中。

花期：4~6月。

常绿攀缘灌木。小枝散生扁弯皮刺。小叶革质，通常3枚，小叶片椭圆状卵形至披针状卵形；托叶离生或基部与叶柄合生，披针形，边缘有细齿。花单生于叶腋，花梗和萼筒密被腺毛，随果实成长变为针刺；花瓣白色，宽倒卵形，先端微凹。果梨形、倒卵形，紫褐色。①②

相近种　**硕苞蔷薇** ***Rosa bracteata*** J. C. Wendl. 花单生，花瓣白色，倒卵形，先端微凹。苞片宽大，条裂，花托无针刺或刺毛③。**软条七蔷薇** ***Rosa henryi*** Boulenger 伞形伞房状花序；花瓣白色，宽倒卵圆形，先端微凹④。

luòshí

络石

Trachelospermum jasminoides
(Lindl.) Lem.

科属：夹竹桃科，络石属。
生境：山野、溪边、路旁、林地或栽培。
花期：3~8 月。

藤本。叶革质，卵形、倒卵形或窄椭圆形。聚伞花序圆锥状，顶生及腋生。花冠白色，高脚碟状，裂片倒卵形，花冠与裂片等长，中部膨大，喉部无毛或在雄蕊着生处疏被柔毛，雄蕊内藏。荚果线状披针形。①②③

相近种　**紫花络石** ***Trachelospermum axillare*** Hook. f. 花冠暗紫红色，高脚碟状，裂片倒卵状长圆形④。

máogāocài

茅膏菜 球子参，山胡椒草

Drosera peltata Sm. ex Willd.

科属：茅膏菜科，茅膏菜属。

生境：林地、草丛、灌丛或水旁。

花期：6~9月。

草本。茎直立，淡绿色；退化基生叶线状钻形；不退化基生叶圆形或扁圆形；茎生叶稀疏，盾状，互生；叶片半月形或半圆形，叶缘密具单一或成对而一长一短的头状黏腺毛，背面无毛。螺状聚伞花序生于枝顶和茎顶，分叉或二歧状分枝，或不分枝；花瓣5枚，楔形，白色、淡红色或红色；雄蕊5枚。蒴果3~5裂。①②③

相近种　圆叶茅膏菜 ***Drosera rotundifolia*** L. 叶基生，具长柄，红色；叶片圆形或扁圆形，花瓣5枚，白色，匙形④。

qiúguǒjiǎshājīnglán

长白拟水晶兰 **球果假沙晶兰**

Monotropastrum humile

(D. Don) H. Hara

科属：杜鹃花科，沙晶兰属。

生境：针阔混交林或阔叶林下。

花期：6~7 月。

腐生草本。地上部分白色，半透明。叶鳞片状，互生，长圆形、宽椭圆形、宽倒卵形或披针状长圆形，全缘或有细小齿。花单一，顶生，下垂。花冠管状钟形；花瓣 3~5 枚，长方状长圆形，边缘外卷，基部成小囊状；雄蕊 8~12 枚，花药被小疣；柱头中央凹入呈漏斗状。浆果近卵圆形或椭圆形，下垂。①②③

相近种 水晶兰 ***Monotropa uniflora*** L. 花单朵顶生，先下垂，后直立。花冠筒状钟形，花瓣 5~6 枚，离生，楔形或倒卵状长圆形。蒴果直立④。

shāncùjiāngcǎo

山酢浆草

Oxalis griffithii Edgew. & Hook. f.

科属：酢浆草科，酢浆草属。

生境：密林、灌丛和沟谷等阴湿处。

花期：3~9 月。

多年生草本。叶基生，少数，掌状三出复叶；小叶片倒三角形，先端微凹，两角圆钝，基部宽楔形。花单生；花瓣 5 枚，淡紫色或白色，长椭圆形，先端钝，具白色或带紫红色脉纹；雄蕊 10 枚，长、短互间，花丝纤细，基部合生；子房 5 室，花柱 5 个，细长，柱头头状。蒴果椭圆形或近圆形。①②③

相近种　**酢浆草** ***Oxalis corniculata*** L. 花单生或数朵组成伞形花序状。花瓣 5 枚，黄色，长圆状倒卵形④。

shāyǐncǎo

砂引草

Tournefortia sibirica L.

科属：紫草科，紫丹属。

生境：海滨沙地、干旱荒漠及山坡道旁。

花期：5月。

多年生草本。茎单一或数条丛生，直立或斜升，通常分枝。叶披针形、倒披针形或长圆形。聚伞花序2叉状分枝，顶生；花冠黄白色，钟状，裂片卵形或长圆形，外弯，花冠筒细长，外面密生细毛，裂片5枚，喉部无鳞片。小坚果宽椭圆形，粗糙，密生伏毛，先端凹陷。①②③

相近种　**紫草** ***Lithospermum erythrorhizon*** Siebold & Zucc. 花冠白色，卵形，喉部有5枚半圆形鳞片④。

shěnggūyóu

省沽油 水条

Staphylea bumalda DC.

科属：省沽油科，省沽油属。

生境：路旁、山地或丛林中。

花期：4~5 月。

落叶灌木。三出复叶；小叶椭圆形、卵圆形或卵状披针形。圆锥花序顶生，直立，常无总花梗；萼片长椭圆形，浅黄白色，花瓣 5 枚，白色，倒卵状长圆形，较萼片稍大；雄蕊 5 枚，与花瓣略等长。蒴果扁膀胱状，2 室，先端 2 裂。①②③

相近种 **膀胱果** ***Staphylea holocarpa*** Hemsl. 伞房花序，有明显总花梗。花白色或粉红色，叶后开放。蒴果顶端 3 裂④。

shíbānmù

石斑木

Rhaphiolepis indica (L.) Lindl.

科属：蔷薇科，石斑木属。
生境：山坡、路边或溪边灌木林中。
花期：4 月。

常绿灌木。叶集生于枝顶，卵形、长圆形，稀倒卵形或长圆状披针形，具细钝锯齿。顶生圆锥花序或总状花序，总花梗和花梗被锈色绒毛；花瓣 5 枚，白色或淡红色，倒卵形或披针形，先端圆钝；雄蕊 15 枚，与花瓣等长或稍长。果实圆形，紫黑色。①②③

相近种　**厚叶石斑木** ***Rhaphiolepis umbellata*** (Thunb.) Makino 叶片全缘或有疏生钝锯齿。圆锥花序顶生，直立，密生褐色柔毛；花瓣白色，倒卵形④。

tuóluóguǒ

陀螺果 冬瓜木，鸦头梨

Melliodendron xylocarpum Hand.-Mazz.

科属：安息香科，陀螺果属。

生境：山谷、山坡湿润林中。

花期：4~5 月。

落叶乔木。幼枝被星状柔毛，老枝无毛。叶纸质，卵状披针形、椭圆形或长椭圆形，先端稍尾尖，基部楔形，有细齿。花单生或 2 朵并生，生于 2 年生小枝叶腋，先叶开花或花叶同放。花白色；花冠钟状，5 深裂近基部，花冠筒极短，花冠裂片长圆形，两面密被绒毛；雄蕊 10 枚，花丝线形，花柱线形，柱头头状。果倒卵形、倒圆锥形或倒卵状梨形，木质，不裂，稍具 5~10 棱。①②③④

xiāngguǒshù

香果树

大叶水桐子，茄子树

Emmenopterys henryi Oliv.

科属：茜草科，香果树属。
生境：山谷林中。
花期：6~8 月。

近危种。落叶大乔木。叶宽椭圆形、宽卵形或卵状椭圆形，侧脉 5~9 对。花芳香，萼裂片近圆形，叶状萼裂片白、淡红色或淡黄色，纸质或革质，匙状卵形或宽椭圆形，有纵脉数条；花冠漏斗形，白色或黄色，被黄白色绒毛，裂片近圆形。蒴果长圆状卵形或近纺锤形。①②③④

yíngchūnyīngtáo

迎春樱桃

Cerasus discoidea T. T. Yu & C. L. Li

科属：蔷薇科，樱属。

生境：山谷林中或溪边灌丛中。

花期：3 月。

近危种。小乔木。叶倒卵状长圆形或长椭圆形，先端尾尖，基部楔形，稀近圆，有缺刻状急尖锯齿，齿端有小盘状腺体；托叶窄带形，边缘有小盘状腺体。先叶开花，伞形花序有花 2 朵，总苞片褐色，倒卵状椭圆形；苞片绿色，近圆形，边有小盘状腺体。花瓣 5 枚，白带粉红色，长椭圆形，先端 2 裂。核果熟时红色。①②③

相近种　山樱花 ***Cerasus serrulata*** (Lindl.) Loudon 花序伞房总状或近伞形，有花 2~3 朵；总苞片褐红色，倒卵状长圆形。花瓣白色，稀粉红色，倒卵形④。

yóutóng

茬桐，罂子桐 油桐

Vernicia fordii (Hemsl.) Airy Shaw

科属：大戟科，油桐属。

生境：疏林中。

花期：4~5 月。

落叶乔木。高达 10 米。叶卵圆形，先端短尖，基部平截至浅心形，全缘，稀 1~3 浅裂。花雌雄同株，先叶或与叶同时开放；花瓣白色，有淡红色脉纹，倒卵形，顶端圆形，基部爪状。雄花：雄蕊 8~12 枚，2 轮；外轮离生，内轮花丝中部以下合生。雌花：子房 3~5 室，每室有 1 颗胚珠，花柱与子房室同数，2 裂。核果近球状，果皮光滑。①②③

相近种 **木油桐** ***Vernicia montana*** Lour. 花雌雄异株或同株异序。花瓣白色或基部紫红色，倒卵形或倒卵状披针形④。

yùlínghuā

玉铃花

Styrax obassis Siebold & Zucc.

科属：安息香科，安息香属。

生境：林中，较平坦或稍倾斜的土地。

花期：5~7 月。

乔木或灌木。叶纸质，互生，宽椭圆形或近圆形，先端尖或渐尖，基部近圆或宽楔形，具粗锯齿；基部膨大成鞘状包芽；生于小枝基部的 2 叶近对生，椭圆形或卵形，先端尖，基部圆；叶柄基部不膨大。总状花序顶生或腋生，花 10~20 朵。花白色或粉红色，芳香；花萼杯状；花冠裂片膜质，椭圆形，覆瓦状排列；花丝扁平。果卵形，顶端具短尖头。①②③

相近种　野茉莉 ***Styrax japonicus*** Siebold & Zucc. 总状花序顶生，无花序梗。花白色，花时下垂④。

zhāngyácài

獐牙菜

蓑衣草，紫花青叶胆

Swertia bimaculata (Siebold & Zucc.) Hook. f. & Thomson ex C. B. Clarke

科属：龙胆科，獐牙菜属。
生境：河滩、山坡草地、林地、沼泽地。
花期：6~11 月。

一年生草本。茎直伸，中部以上分枝。基生叶花期枯萎；茎生叶椭圆形或卵状披针形。圆锥状复聚伞花序疏散，花 5 数；花萼绿色，裂片窄倒披针形或窄椭圆形，基部窄缩，边缘白色膜质，常外卷；花冠黄色或白色，上部具紫色小斑点，裂片椭圆形或长圆形，先端渐尖或尖，基部窄缩，中部具 2 个黄绿色、半圆形大腺斑。蒴果窄卵圆形。①②③

相近种　**浙江獐牙菜** ***Swertia hickinii*** Burkill 花冠白色有紫色条纹，裂片卵状披针形，基部具 2 个腺窝，边缘有流苏状毛④。

zhǎngyèfùpénzǐ

掌叶覆盆子 大号角公，牛奶母

Rubus chingii Hu

科属：蔷薇科，悬钩子属。

生境：山坡、路边阳处或灌丛中。

花期：3~4 月。

藤状灌木。单叶，近圆形，掌状 5 深裂，稀 3 或 7 裂，裂片椭圆形或菱状卵形，具重锯齿，有掌状脉 5 条；单花腋生；花瓣椭圆形或卵状长圆形，白色；雄蕊多数，花丝宽扁。果近圆形，成熟时红色，密被灰白色柔毛。①②③

相近种 山莓 ***Rubus corchorifolius*** L. f. 叶片不裂或 3 浅裂。花单生或少数簇生。花瓣长圆形或椭圆形，白色④。

zhègànchēqiánzǐcǎo

浙赣车前紫草

Sinojohnstonia chekiangensis

(Migo) W. T. Wang

科属：紫草科，车前紫草属。

生境：林下或阴湿的岩石旁。

花期：4~5月。

草本。茎常斜升。基生叶窄卵形，基部心形；茎生叶较小。花序密被短伏毛。花冠白色或淡紫色，钟状管形，裂片卵形，喉部有5枚梯形鳞片；雄蕊5枚，稍伸出花冠。小坚果碗状突起边缘内折。①②③

相近种　孩儿参 ***Pseudostellaria heterophylla*** (Miq.) Pax 花两型，腋生；茎顶部的花具花瓣5枚，白色，倒卵形，雄蕊10枚；下部的花无瓣，雄蕊2枚④。

zhōngguófánlǚ

中国繁缕 鸦雀子窝

Stellaria chinensis Regel

科属：石竹科，繁缕属。
生境：山坡、林下、灌丛、石缝中或湿地。
花期：5~6 月。

草本。茎直立或半匐生；叶卵形或卵状披针形，全缘。聚伞花序顶生或腋生，疏散；花瓣 5 枚，白色，2 深裂几达基部，雄蕊 10 枚，与花瓣近等长。蒴果卵圆形。①②③

相近种　**繁缕** ***Stellaria media*** (L.) Vill. 聚伞花序顶生，或单花腋生。花瓣 5 枚，2 深裂近基部；雄蕊 3~5 枚，短于花瓣④。

zǐjìng

马骝光 紫茎

Stewartia sinensis Rehder & E. H. Wilson

科属：山茶科，紫茎属。

生境：林中。

花期：6月。

小乔木。树皮灰黄色。叶片椭圆形或卵状椭圆形，先端渐尖，基部楔形，具粗齿。花单生。花白色，花瓣 5 枚，宽卵形，基部连合，被绢毛；雄蕊花丝筒短，被毛。蒴果卵圆形，顶端尖。①②

相近种　**木荷 *Schima superba*** Gardner & Champ. 花白色，生枝顶叶腋，常多花成总状花序③。**小果核果茶 *Pyrenaria microcarpa*** (Dunn) H. Keng 花单生于小枝最上部之叶腋，淡黄色④。

chèngchuíshù

秤锤树 捷克木

Sinojackia xylocarpa Hu

科属：安息香科，秤锤树属。

生境：林缘或疏林中。

花期：3~4 月。

濒危种。乔木。叶纸质，倒卵形或椭圆形，具锯齿，生于花枝基部的叶卵形。聚伞花序有花 3~5 朵。花白色，花冠裂片 5~7 枚，长圆状椭圆形；雄蕊 10~14 枚。果木质，卵形，有圆锥状喙，红褐色，形似秤锤。①②③

相近种 银钟花 ***Halesia macgregorii*** Chun 总状花序短缩，花常下垂，花冠白色，宽钟形，4 深裂，裂片倒卵形；雄蕊 8 枚④。

dàhuāwēilíngxiān

大花威灵仙

Clematis courtoisii Hand.-Mazz.

科属：毛茛科，铁线莲属。
生境：杂木林中、灌丛中，攀缘于树上。
花期：5~6 月。

攀缘木质藤本。三出复叶或一回羽状复叶；小叶长圆形或卵状披针形，全缘。花大，单生腋生，萼片 6 枚，白色，平展，倒卵状披针形或宽披针形；雄蕊多数，暗紫色。瘦果倒卵圆形，宿存花柱羽毛状。①②③

相近种　**威灵仙** ***Clematis chinensis*** Osbeck 圆锥花序，多花，腋生或顶生，萼片 4~5 枚，白色，平展，倒卵状长圆形④。

lǎoyābàn

老鸦瓣 光慈姑

Tulipa edulis (Miq.) Baker

科属：百合科，郁金香属。

生境：山坡草地及路旁。

花期：3~4 月。

多年生小草本。地下具有卵圆形鳞茎。茎长 10~25 厘米，通常不分枝。叶 2 枚，长条形，远比花长。花单朵顶生，靠近花的基部具 2 枚对生（较少 3 枚轮生）的苞片，苞片狭条形；花被片狭椭圆状披针形，白色，背面有紫红色纵条纹；雄蕊 6 枚，3 长 3 短。蒴果近圆形，有长喙。①②③

相近种　**二叶郁金香** ***Tulipa erythronioides*** Baker2 枚叶片较宽而短，比花稍长，而且此 2 枚叶片近等长，苞片 3~4 枚轮生④。

qiáomàiyèdàbǎihé

荞麦叶大百合

Cardiocrinum cathayanum

(E. H. Wilson) Stearn

科属：百合科，大百合属。
生境：山坡林下阴湿处。
花期：7~8 月。

多年生高大草本。除基生叶外，约离茎基部 25 厘米处开始有茎生叶，最下面的几枚常聚集在一处，其余散生；叶纸质，卵状心形或卵形，先端急尖，基部近心形；叶柄基部扩大。总状花序有花 3~5 朵；花梗短而粗，向上斜伸，每朵花具 1 枚苞片；苞片矩圆形；花狭喇叭形，乳白色或淡绿色，内具紫色条纹；花被片条状倒披针形，外轮的先端急尖，内轮的先端稍钝。蒴果近圆形，红棕色。种子扁平，红棕色，周围有膜质翅。①②③④

shuǐxiān

水仙

Narcissus tazetta var. ***chinensis*** M. Roem.

科属：石蒜科，水仙属。
生境：沙地、荒地。
花期：春季。

多年生草本。鳞茎卵圆形。叶扁平，线形，粉绿色，先端钝。花葶与叶近等长；伞形花序有花 4~8 朵。花梗不等长；花白色，芳香；花被管灰绿色，花被裂片 6 枚，宽卵形或宽椭圆形，先端短尖；副花冠淡黄色，浅杯状，长不及花被 1/2；雄蕊着生花被筒内，花药基着。①②③④

yěbǎihé

野百合

Lilium brownii F. E. Br. ex Miellez

科属：百合科，百合属。
生境：山坡、灌木林下、溪旁或石缝中。
花期：5~6 月。

多年生直立草本。鳞茎圆形。茎高达 2 米，有的有紫纹，有的下部有小乳头状突起。叶散生，披针形、窄披针形或线形，全缘，无毛。花单生或几朵成近伞形。苞片披针形，花喇叭形，有香气，乳白色，外面稍紫色，向外张开或先端外弯；外轮花被片宽 2~4.3 厘米，内轮花被片宽 3.4~5 厘米；雄蕊上弯。蒴果，有棱。①②③

相近种 百合 ***Lilium brownii*** var. ***viridulum*** Baker 叶倒披针形至倒卵形。茎上部的叶明显变小而成苞片状④。

mùlián

木莲

Manglietia fordiana Oliv.

科属：木兰科，木莲属。
生境：花岗岩、沙质岩山地或丘陵。
花期：5月。

乔木。幼枝及芽被红褐色短毛。叶革质、窄倒卵形、窄椭圆状倒卵形或倒披针形，先端稍骤短钝尖，基部楔形，边缘稍内卷。花梗被红褐色短柔毛；花被片白色，9枚，每轮3枚，外轮近革质，凹入，长圆状椭圆形，内2轮稍小，肉质，倒卵形。聚合果褐色，卵圆形。①②③

相近种　乐东拟单性木兰 ***Parakmeria lotungensis*** (Chun & C. H. Tsoong) Y. W. Law 雄花两性花异株；雄花花被片9~14枚，外轮3~4枚淡黄色，倒卵状长圆形；内2~3轮白色，较窄小④。

shēnshānhánxiào

光叶白兰花 **深山含笑**

Michelia maudiae Dunn

科属：木兰科，含笑属。

生境：密林中。

花期：2~3 月。

乔木。芽、幼枝、叶下面、苞片均被白粉。叶革质，宽椭圆形，先端骤窄短渐尖或尖头钝，基部楔形、宽楔形或近圆形，上面深绿色，有光泽，下面灰绿色，被白粉。花单生枝梢叶腋，芳香；花被片 9 枚，白色，基部稍淡红色，外轮倒卵形，内两轮渐窄小，近匙形；雄蕊多数，花丝淡紫色。聚合蓇葖果，蓇葖长卵形或卵形。①②③

相近种　**野含笑** ***Michelia skinneriana*** Dunn 花淡黄色，芳香；花被片 6 枚，倒卵形，2 轮，外轮 3 枚基部被褐色毛④。

tiānnǚhuā

天女花 天女木兰，小花木兰

Oyama sieboldii (K. Koch) N. H. Xia & C. Y. Wu

科属：木兰科，天女花属。

生境：山地。

花期：3~4 月。

近危种。落叶小乔木。叶倒卵形或倒卵状圆形，先端渐尖，基部圆形或圆状楔形，全缘，上面绿色，下面灰绿色；叶柄长 1~4 厘米。花单生枝顶，在新枝上与叶对生，后叶开放，芳香，花梗细长，果期稍延长；花蕾稍带淡粉红色；花被片 9 枚，外轮 3 枚，淡粉红色，其余的白色，倒卵形或倒卵状长圆形；雄蕊多数，紫红色；与花丝近等长，雄蕊群椭圆形。心皮披针形。聚合果卵形，红色。种子橙黄色，近圆形，直有棱。①②③④

xiàlàméi

黄梅花，蜡木，牡丹木 **夏蜡梅**

Calycanthus chinensis
(W. C. Cheng & S. Y. Chang) P. T. Li

科属：蜡梅科，夏蜡梅属。
生境：山地沟边林阴下。
花期：5月。

1

2

3

4

濒危种。灌木。叶片宽卵状椭圆形、倒卵状圆形。花单生枝顶。外花被片12~14枚，倒卵形，白色，边缘淡紫色；内花被片9~12枚，椭圆形，中部以上淡黄色，中部以下白色，内面基部有淡紫红色斑纹。瘦果长圆形。①②③

相近种　**蜡梅** ***Chimonanthus praecox*** (L.) Link 花单生叶腋，花被片15~21枚，蜡黄色，有光泽。花有香气④。

yùlán

玉兰 白玉兰，望春花

Yulania denudata (Desr.) D. L. Fu

科属：木兰科，玉兰属。

生境：林中。

花期：2~3 月或 7~9 月再开花。

近危种。落叶乔木。叶互生，叶片宽倒卵形或倒卵状长圆形，全缘。花先叶开放，直立，大而显著。花被片 9 枚，长圆状倒卵形，白色，基部常粉红色，内、外轮近等长。聚合果圆柱形。①②③

相近种　**宝华玉兰** ***Yulania zenii*** (W. C. Cheng) D. L. Fu 花先叶开放。花被片 9 枚，近匙形，内轮较窄小，白色，背面中部以下淡紫红色，上部白色④。

hòupò

厚朴

Houpoea officinalis

(Rehder & E. H. Wilson) N. H. Xia & C. Y. Wu

科属：木兰科，厚朴属。
生境：山地林间。
花期：5~6 月。

落叶乔木。叶大，近革质，7~9 枚聚生于枝端，长圆状倒卵形，先端具短急尖或圆钝，基部楔形，全缘而微波状，上面绿色，下面灰绿色，被灰色柔毛，有白粉；叶柄粗壮，托叶痕长为叶柄的 2/3。花白色，芳香；花被片 9~12 枚，厚肉质，外轮 3 枚淡绿色，长圆状倒卵形，花丝红色；雌蕊群椭圆状卵圆形。聚合果长圆状卵圆形；蓇葖具喙；种子三角状倒卵形。①②③④

rìběnxùduàn

日本续断

Dipsacus japonicus Miq.

科属：川续断科，川续断属。

生境：山坡、路旁和草坡。

花期：8~9月。

多年生草本。基生叶具长柄，长椭圆形，分裂或不裂；茎生叶对生，椭圆状卵形或长椭圆形。头状花序圆球形；总苞片线形，具白色刺毛。苞片倒卵形，先端有喙，两侧具长刺毛；花萼盘状，4裂，被白色柔毛；花冠紫红色或淡黄白色，漏斗状，4裂，外被白色柔毛；小总苞具4棱，被白色短毛，顶端具8枚齿。瘦果长圆楔形。①②③④

shízìlán

十字兰

Habenaria schindleri Schltr.

科属：兰科，玉凤花属。
生境：山坡林下或沟谷草丛中。
花期：7~9月。

易危种。地生草本。茎疏生多枚叶，向上渐小成苞片状。中下部叶线形。总状花序多花，花白色或绿白色；花瓣直立，卵形，2裂；唇瓣黄绿色，前伸，中部以下3深裂，呈“十”字形，裂片线形，侧裂片与中裂片垂直伸展，先端具流苏；距下垂，近末端粗棒状，向前弯曲。①②③④

nánshānjǐncài

南山堇菜 胡堇菜，细芹叶堇

Viola chaerophylloides (Regel) W. Becker

科属：堇菜科，堇菜属。

生境：林下或阴湿处、阳坡灌丛及草坡。

花期：4~9月。

多年生草本。无地上茎。叶基生，2~6枚，叶3全裂，侧裂片2深裂，中裂片2~3深裂，裂片卵状披针形至线状披针形，具缺刻状齿或浅裂，有时深裂。花白色、乳白色或淡紫色；花梗淡紫色；花瓣宽倒卵形，侧瓣内面基部有细须毛，下瓣有紫色条纹，连粗而长的距。蒴果大，长椭圆形。①②③

相近种 **辽宁堇菜** ***Viola rossii*** Hemsl. 叶宽卵状心形，边缘具钝锯齿，不裂。花较大，淡紫色；花瓣倒卵形，侧瓣内面基部有少量须毛，下瓣匙形④。

éméoyùfènghuā

鹅毛玉凤花

Habenaria dentata (Sw.) Schltr.

科属：兰科，玉凤花属。

生境：山坡林下或沟边。

花期：8~10 月。

地生草本。茎粗壮，直立，具 3~5 枚疏生的叶及数枚苞片状小叶。叶片长圆形至长椭圆形，先端急尖或渐尖，基部抱茎。总状花序常具多朵花；花苞片披针形，先端渐尖；花白色，较大；中萼片宽卵形，直立，凹陷，先端急尖，与花瓣靠合呈兜状；侧萼片张开或反折，斜卵形，先端急尖；花瓣直立，镰状披针形，不裂，先端稍钝；唇瓣宽倒卵形，3 裂；距细圆筒状棒形，下垂，末端钝，较子房长，中部以下绿色；距口周围具明显隆起的凸出物；柱头 2 个。①②③④

jīnxiànlán

金线兰 花叶开唇兰

Anoectochilus roxburghii (Wall.) Lindl.

科属：兰科，金线兰属。

生境：常绿阔叶林下或沟谷阴湿处。

花期：9~11 月。

濒危种。地生草本。茎具叶 2~4 枚。叶卵圆形或卵形，上面暗紫色或黑紫色，具金红色脉网，下面淡紫红色，基部近平截或圆；叶柄基部鞘状抱茎。花序具花 2~6 朵。苞片淡红色，卵状披针形或披针形；花白色或淡红色，萼片被柔毛，中萼片卵形，舟状，与花瓣粘贴呈兜状，侧萼片张开，近斜长圆形或长圆状椭圆形；花瓣近镰状，斜歪，较萼片薄；唇瓣位于上方，呈“Y”字形，前部 2 裂，裂片近长圆形或近楔状长圆形，两侧各具 6~8 条流苏状细裂条。①②③④

hǔěrcǎo

金丝荷叶，天荷叶 **虎耳草**

Saxifraga stolonifera Curtis

科属：虎耳草科，虎耳草属。

生境：林下、灌丛、草甸和阴湿岩隙。

花期：4~11 月。

多年生草本。基生叶近心形至扁圆形，先端急尖或钝，基部近截形至心形，边缘 7~11 浅裂，具齿；茎生叶 1~4 枚，叶片披针形。聚伞花序圆锥状，具花 7~61 朵。花两侧对称，萼片卵形；花瓣白色，中上部具紫红色斑点，基部具黄色斑点，5 枚，3 枚较短，卵形，先端急尖，基部具短爪，2 枚较长，披针形或长圆形。①②③

相近种 **扇叶虎耳草** ***Saxifraga rufescens*** var. ***flabellifolia*** C. Y. Wu & J. T. Pan 叶片掌状 5~9 浅裂或近中裂，花瓣白色，无紫色斑点④。

yuányèwāěrcǎo

圆叶挖耳草 圆叶狸藻

Utricularia striatula Sm.

科属：狸藻科，狸藻属。

生境：潮湿的岩石或树干上。

花期：6~10 月。

陆生小草本。假根少数，丝状，不分枝。匍匐枝丝状，具分枝。叶器多数，簇生成莲座状和散生于匍匐枝上，花期宿存，具细长的假叶柄；口侧生。花序直，上部具 1~10 朵疏离的花；花冠白色、粉红色或淡紫色，下唇圆形，先端 3~5 浅裂，喉部具黄斑，喉凸稍隆起；距钻形，常弯曲。蒴果斜倒卵形。①②③

相近种　**钩突挖耳草** ***Utricularia warburgii*** Goebel. 花冠有钩突，蓝紫色，喉部常有黄斑，上唇狭卵状长圆形，下唇较大，近圆形；距狭圆锥状或近筒状④。

jiānghuā

姜花

白草果，蝴蝶花

Hedychium coronarium J. Konig

科属：姜科，姜花属。

生境：林中或栽培。

花期：8~12 月。

多年生草本。叶长圆状披针形或披针形，先端长渐尖，基部尖，上面光滑，下面被柔毛。穗状花序顶生，椭圆形；苞片覆瓦状排列，紧密，卵圆形，每苞片有花 2~3 朵。花白色；花冠管纤细，裂片披针形；侧生退化雄蕊长圆状披针形；唇瓣倒心形，白色，基部稍黄，先端 2 裂。①②③

相近种　**蘘荷** ***Zingiber mioga*** (Thunb.) Roscoe 穗状花序，生于有根状茎发出的总花梗上；苞片红绿色，具紫脉。唇瓣 3 裂，中裂片中部黄色，边缘白色④。

ǎitáo

矮桃 九节莲，珍珠草

Lysimachia clethroides Duby

科属：报春花科，珍珠菜属。

生境：山坡林缘、草坡或湿润地。

花期：5~7 月。

多年生草本。茎直立，不分枝。叶互生，长椭圆形或阔披针形，两面散生黑色粒状腺点。总状花序顶生，花密集，常转向一侧；花冠白色，基部合生，裂片狭长圆形，先端圆钝；雄蕊内藏。蒴果近圆形。①②③

相近种 **泽珍珠菜** ***Lysimachia candida*** Lindl. 总状花序顶生，初时花密集呈宽圆锥形；花冠白色，裂片长圆形；雄蕊稍短于花冠，花丝贴生花冠中下部④。

báisuìhuā

白穗花

Speirantha gardenii (Hook.) Baill.

科属：百合科，白穗花属。
生境：山谷溪边和阔叶树林下。
花期：5~6月。

多年生草本。叶基生，4~8 枚，倒披针形至长椭圆形，下部渐窄成柄，基部成膜质鞘。花葶侧生，短于叶簇；总状花序有花 12~18 朵。花白色；苞片白色或带红色，短于花梗。花被片 6 枚，披针形；雄蕊 6 枚，着生花被片基部。浆果近球形。①②

相近种　**鹿药** ***Maianthemum japonicum*** (A. Gray) LaFrankie 圆锥花序顶生。花白色；花被片分离或仅基部稍合生，近长圆形③。**管花鹿药** ***Maianthemum henryi*** (Baker) LaFrankie 花淡黄色或带紫褐色，单生，常排成总状花序；花被高脚碟状④。

dǐnghuābǎndèngguǒ

顶花板凳果 顶蕊三角咪，粉蕊黄杨

Pachysandra terminalis Siebold & Zucc.

科属：黄杨科，板凳果属。

生境：山区林下阴湿地。

花期：4~5 月。

亚灌木。叶片菱状倒卵形，上部具粗齿，基部楔形。穗状花序顶生。花白色；雄花多于 15 朵，几占花序全部；雌花 1~2 朵，生于花序基部，有时在最上 1~2 枚叶的叶腋又各生 1 朵雌花。果卵圆形，白色，花柱宿存。①②③

相近种　**东方野扇花** ***Sarcococca orientalis*** C. Y. Wu ex M. Cheng 叶片全缘。花序近头状；雄花 3~5 朵或较多，簇生于花序轴上部；雌花 1~3 朵或较多，生于花序轴下部④。

jīndēngténg

金丝藤，日本菟丝子 **金灯藤**

Cuscuta japonica Choisy

科属：旋花科，菟丝子属。

生境：寄生于草本或灌木上。

花期：8月。

1

2

3

4

一年生寄生草本。茎缠绕，肉质，较粗壮，黄色，常被紫色、红色瘤点，多分枝，无叶。穗状花序。花冠白色，钟形，顶端5浅裂，裂片卵状三角形，花柱合生为1条。蒴果卵圆形，近基部周裂。①②③

相近种　**菟丝子** ***Cuscuta chinensis*** Lam. 花序侧生，伞团花序，花序无梗；花冠白色，壶形，裂片三角状卵形，先端反折；雄蕊生于花冠喉部，边缘流苏状；柱头球形④。

níngbōsōushū

宁波溲疏

Deutzia ningpoensis Rehder

科属：虎耳草科，溲疏属。

生境：山谷或山坡林中。

花期：5~7月。

灌木。花枝红褐色，疏被星状毛。叶片卵状长圆形或卵状披针形，上面绿色，疏被星状毛，下面灰白色或灰绿色，密被星状毛。圆锥花序塔形，多花，疏被星状毛；花蕾长圆形；花瓣白色，长圆形。蒴果半圆形，密被星状毛。①②③

相近种　**黄山溲疏** ***Deutzia glauca*** W. C. Cheng 花枝无毛。圆锥花序，较疏散。花瓣白色，近长圆形或窄椭圆状菱形④。

róumáopàohuāshù

柔毛泡花树

Meliosma myriantha* var. *pilosa (Lecomte) Y. W. Law

科属：清风藤科，泡花树属。
生境：山谷、溪旁林中。
花期：夏季。

①

②

③

④

落叶乔木。叶为单叶，倒卵状长圆形或长圆形，叶缘锯齿常在中部以上。圆锥花序顶生，直立，白色，被展开柔毛，分枝细长，主轴具 3 棱，侧枝扁；外面花瓣近圆形，内面花瓣披针形，两者几等长；核果倒卵形或圆形，熟时红色。①②③

相近种　细花泡花树 ***Meliosma parviflora*** Lecomte 圆锥花序顶生，具 4 次分枝，被柔毛，主轴稍曲折。花白色，无梗或近于无梗，密聚，细小④。

sīsuìjīnsùlán

丝穗金粟兰 水晶花，四子莲

Chloranthus fortunei (A. Gray) Solms

科属：金粟兰科，金粟兰属。

生境：林下阴湿处和山沟草丛中。

花期：2~4 月。

多年生草本。茎单生或丛生。叶常 4 枚聚生茎顶，近轮生状，宽椭圆形、长椭圆形或倒卵形。穗状花序单生枝顶；花白色；雄蕊 3 枚，药隔线状。核果圆形，具纵纹。①②

相近种　**及己** ***Chloranthus serratus*** (Thunb.) Roem. & Schult. 穗状花序顶生，单一分枝或具 2~3 条分枝；药隔长圆形，3 枚紧贴③。**宽叶金粟兰** ***Chloranthus henryi*** Hemsl. 穗状花序 1 条至多条，腋生或顶生，常两歧或总状分枝，中央药隔长，两侧短④。

xiǎoyèbáixīnshù

小叶白辛树

Pterostyrax corymbosus

Siebold & Zucc.

科属：安息香科，白辛树属。

生境：山区低凹而湿润处。

花期：3~4 月。

乔木。老枝灰褐色。叶纸质，宽倒卵形至椭圆形，顶端急渐尖或急尖，基部楔形或宽楔形，边缘有锐尖的锯齿；叶柄上面具深槽。圆锥花序伞房状；花白色；花梗极短；小苞片线形；花萼钟状，5 条脉，顶端具 5 枚齿，萼齿披针形；花冠裂片长圆形，近基部合生，顶端短尖，花蕾时作覆瓦状排列；雄蕊 10 枚，5 长 5 短，花丝宽扁，膜质，中部以下联合成管。果实倒卵形，具 5 片翅，顶端具长喙，喙圆锥状。①②③④

yuánzhuīxiùqiú

圆锥绣球 轮叶绣球，水亚木

Hydrangea paniculata Siebold

科属：虎耳草科，绣球属。

生境：山谷、山坡疏林下或山脊灌丛中。

花期：7~8 月。

灌木或小乔木。叶 2~3 枚对生或轮生，卵形或椭圆形。圆锥状聚伞花序长，密被柔毛。不育花白色，萼片 4 枚；孕性花萼筒陀螺状；萼齿三角形；花瓣分离，白色，卵形或披针形，基部平截；雄蕊不等长，较长的于花蕾时内折。蒴果椭圆形，顶端突出部分圆锥形，与萼筒近等长。①②③

相近种　中国绣球 ***Hydrangea chinensis*** Maxim. 伞形聚伞花序顶生，有分枝 5~6 条。花瓣白色或带绿色④。

gànwǎnwūtóu

赣皖乌头

Aconitum finetianum Hand.-Mazz.

科属：毛茛科，乌头属。
生境：山地阴湿处。
花期：8~9 月。

茎缠绕。茎下部叶具长柄；叶片五角状肾形；叶柄极长。茎上部叶渐变小，叶柄与叶片近等长或稍短。总状花序具花 4~9 朵；花梗短；小苞片小，线形，生于花梗的中部或近基部处；萼片白色带淡紫色，上萼片圆筒形，直或稍向内弯曲，外缘在中部以下向外下方斜展成短喙，侧萼片倒卵形，下萼片狭椭圆形；花瓣与上萼片等长，无毛，距与唇近等长或稍长，细，顶端稍拳卷；花丝全缘；心皮 3 枚。①②③④

mǎzuìmù

马醉木 梫木，日本马醉木

Pieris japonica (Thunb.) D. Don ex G. Don

科属：杜鹃花科，马醉木属。

生境：灌丛中。

花期：2~5 月。

灌木或小乔木。叶互生，聚生枝顶，革质，倒披针形、倒卵形或披针状长圆形，全缘或中部以上或顶部有齿。花序圆锥状或总状，腋生或顶生，花偏向一侧；花冠白色，坛状，5 浅裂，裂片近圆形。蒴果卵圆形或扁圆形。①②③

相近种 **南烛** ***Vaccinium bracteatum*** Thunb. 总状花序多花，序轴密被柔毛；花冠白色，筒状，有时略呈坛状④。

wǎnhóngwǎsōng

晚红瓦松

Orostachys japonica (L.) Sweet

科属：景天科，瓦松属。
生境：低山石上或溪沟旁。
花期：7~8 月。

多年生草本。莲座叶狭匙形，肉质，先端长渐尖，有软骨质的刺。花茎下部生叶。叶线形至线状披针形，先端长渐尖，不具刺尖，有红斑点，花序总状，苞片与叶相似，较小；花密生，有梗；萼片 5 枚，卵形；花瓣 5 枚，白色，披针形，先端有红色小圆斑点；雄蕊 10 枚，较花瓣短；鳞片 5 枚，小，近四方形，先端有微缺；心皮 5 枚，直立，披针形，花柱细，基部急狭，分离。种子褐色。①②③④

bānyèlán

斑叶兰 偏花斑叶兰

Goodyera schlechtendaliana Rchb. f.

科属：兰科，斑叶兰属。

生境：山坡或沟谷阔叶林下。

花期：8~10 月。

近危种。地生草本。茎直立，绿色，具叶 4~6 枚。叶片卵形或卵状披针形，上面绿色，具白色不规则的点状斑纹，背面淡绿色。花茎直立；总状花序具多花，偏向一侧，花白色，两枚侧萼片张开，花瓣菱状倒披针形，唇瓣卵形，前部舌状。①②③

相近种 **大花斑叶兰** ***Goodyera biflora*** (Lindl.) Hook. f. 花茎短；花序常具花 2 朵。花大，长筒状，白色或带粉红色，侧萼片不开展④。

liúsūshù

流苏树

糯米花，四月雪

Chionanthus retusus Lindl. & Paxton

科属：木犀科，流苏树属。

生境：稀疏混交林中、灌丛、山坡或河边。

花期：3~6 月。

落叶灌木或乔木。幼枝淡黄色或褐色。叶革质或薄革质，长圆形、椭圆形或圆形，先端圆钝，有时凹下或尖，基部圆或宽楔形，全缘或有小齿，叶缘具睫毛。聚伞状圆锥花序顶生，苞片线形；花单性或两性，雌雄异株。花梗纤细；花萼 4 深裂；花冠白色，4 深裂，裂片线状倒披针形；雄蕊内藏或稍伸出。果椭圆形，被白粉，蓝黑色。①②③

相近种　檵木 ***Loropetalum chinense*** (R. Br.) Oliv. 花 3~8 朵簇生，白色，先叶开放，或与嫩叶同时开放，花瓣 4 枚，带状④。

húdiéxìzhūhuā

蝴蝶戏珠花 蝴蝶花，蝴蝶荚蒾

Viburnum plicatum* f. *tomentosum Rehder

科属：五福花科，荚蒾属。

生境：山坡、山谷林中及沟谷旁灌丛中。

花期：4~5月。

落叶灌木。叶较狭，宽卵形或矩圆状卵形，有时椭圆状倒卵形，两端有时渐尖，下面常带绿白色。花序直径4~10厘米，外围有4~6朵白色、大型的不孕花，具长花梗，花冠直径达4厘米，不整齐4~5裂；中央可孕花直径约3毫米，萼筒长约15毫米，花冠辐状，黄白色，裂片宽卵形，长约等于筒，雄蕊高出花冠，花药近圆形。果实先红色后变黑色，宽卵圆形或倒卵圆形；核扁，两端钝形。①②③④

kuānchìshuǐyùzān

宽翅水玉簪

Burmannia nepalensis (Miers) Hook. f.

科属：水玉簪科，水玉簪属。
生境：林下湿地上。
花期：8~12月。

一年生腐生草本。茎纤细，白色，无叶绿素。无基生叶，茎生叶退化成鳞片状，椭圆形，具明显的中脉。二歧聚伞花序，或有时仅1~2朵花生于茎顶。花白色或淡黄色，稀淡蓝色，具短梗；外轮花被裂片三角状椭圆形，内轮的较小；雄蕊的药隔顶部有2个叉开的鸡冠状突起，基部有距。蒴果近球状，横裂；翅半圆形，白色，常染黄，稀淡蓝色。①②③

相近种　头花水玉簪 ***Burmannia championii*** Thwaites 花近无柄，通常2~7朵簇生于茎顶呈头状，白色④。

niúpíxiāo

牛皮消 隔山消，何首乌

Cynanchum auriculatum Royle ex Wight

科属：萝藦科，鹅绒藤属。

生境：山坡林缘、灌木丛中或潮湿地。

花期：6~8 月。

草质缠绕藤本。叶对生，宽卵形，基部深心形，具圆形耳。聚伞花序总状。花萼裂片披针形；花冠白色，辐状，花冠筒短，裂片披针形，副花冠 5 深裂，裂片较合蕊冠长，椭圆形，肉质。蓇葖果长圆状披针形。种子卵圆形，顶端平截。①②③

相近种　**鹅绒藤** ***Cynanchum chinense*** R. Br. 聚伞花序伞状，二歧分枝；花冠白色，辐状或反折；副花冠杯状，2 轮，均裂成丝状体④。

huángshānhuāqiū

黄山花楸

Sorbus amabilis

Cheng ex T. T. Yu & K. C. Kuan

科属：蔷薇科，花楸属。

生境：杂木林中。

花期：5~6 月。

乔木。奇数羽状复叶，小叶片 5~6 对，基部的一对或顶端的一片稍小，长圆形或长圆披针形，先端渐尖，基部圆形，偏斜，边缘自基部或 1/3 以上部分有粗锐锯齿。复伞房花序顶生；花梗极短；萼筒钟状；萼片三角形，先端圆钝；花瓣宽卵形或近圆形，先端圆钝，白色；雄蕊 20 枚，短于花瓣；花柱 3~4 个，稍短于雄蕊或约与雄蕊等长。果实圆形，红色，先端具宿存闭合萼片。①②③④

jīshùtiáo

鸡树条 天目琼花

Viburnum opulus

subsp. ***calvescens*** (Rehder) Sugim.

科属：五福花科，荚蒾属。

生境：溪谷边疏林下或灌丛中。

花期：5~6月。

灌木。叶片纸质，卵圆形至宽卵形或倒卵形，通常3裂。花序复伞形，周围有大型的不孕花；总花梗长，第1级辐射枝7出；花冠乳白色，辐状；雄蕊长至少为花冠的1.5倍，花药带紫红色。果实近圆形，红色。①②③

相近种 **合轴荚蒾** ***Viburnum sympodiale*** Graebn. 聚伞花序，无总花梗，第1级辐射枝常5出。花冠白色或微红色，辐状④。

mínɡdǎnɡshēn

明党参

Changium smyrnioides H. Wolff

科属：伞形科，明党参属。

生境：山地林下或山坡岩石缝隙中。

花期：4 月。

易危种。多年生草本。茎直立，有白粉。基生叶有长柄；叶宽卵形，三出二至三回羽状全裂；小羽片卵形或宽卵形，3 裂、羽裂或羽状缺刻。复伞形花序顶生和侧生，无总苞片；伞形花序有花 8~20 朵。花白色，有紫色中脉；花瓣长圆形或卵状披针形，先端尖而内折。果圆卵形或卵状长圆形，侧扁。①②③

相近种　峨参 ***Anthriscus sylvestris*** (L.) Hoffm. 复伞形花序。花白色，稍带绿色或黄色，先端微凹④。

héqīnghuā

荷青花 鸡蛋黄花，乌筋七

Hylomecon japonica (Thunb.) Prantl

科属：罂粟科，荷青花属。

生境：林下、林缘或沟边。

花期：4~7 月。

多年生草本。含黄色乳汁。茎直立，上部稍分枝。基生叶为奇数羽状复叶，具长柄，小叶 5~7 枚，有短柄，叶宽披针形至长椭圆形，边缘具规则重锯齿；茎生叶 2~3 枚，与基生叶相似。花 1~3 朵，生于茎顶端叶腋，具长梗，花蕾卵形；萼片 2 枚，绿色，狭卵形，早落；花大，花瓣 4 枚，金黄色，倒卵状圆形；雄蕊多数，黄色，花药长圆形。①②③

相近种　**白屈菜** ***Chelidonium majus*** L. 花多数，伞形花序腋生。花瓣 4 枚，倒卵形，黄色④。

huánghuācǎo

黄花草

Arivela viscosa (L.) Raf.

科属：白花菜科，黄花草属。
生境：荒地、田野、路旁草丛中。
花期：全年。

直立草本。掌状复叶，小叶 3~7 枚，倒卵形或倒卵状长圆形。总状花序顶生，具 3 裂的叶状苞片。花瓣黄色，基部紫色，4 枚，窄倒卵形或匙形，无爪；雄蕊 10~30 枚。果圆柱形，有纵网纹，被黏质腺毛，顶端有喙。①②③

相近种　芸香 ***Ruta graveolens*** L. 花金黄色；萼片及花瓣均 4 枚；雄蕊 8 枚④。

jīnlǚméi

金缕梅

Hamamelis mollis Oliv.

科属：金缕梅科，金缕梅属。

生境：次生林或灌丛中。

花期：5月。

落叶小乔木或灌木状。叶片宽倒卵形，基部不等侧心形；花先叶开放，近头状花序或短穗状花序腋生，具数朵花，花无梗；花瓣4枚，黄色，带状；雄蕊4枚，花药与花丝等长。蒴果卵圆形。①②③

相近种　**长柄双花木** ***Disanthus cercidifolius*** subsp. ***longipes*** (H. T. Chang) K. Y. Pan 头状花序具有2朵无柄而对生的花，花瓣红色，狭长带状④。

shēshānyángnǎizi

余山胡颓子 **余山羊奶子**

Elaeagnus argyi H. Lév.

科属：胡颓子科，胡颓子属。

生境：林下、路旁、屋旁。

花期：1~3 月。

半落叶或常绿灌木。叶大小不等，发于春秋两季，两端钝圆。花无毛，淡黄色或泥黄色，被银白色或淡黄色鳞片，质厚，下垂或开展，常 5~7 朵花簇生新枝基部成伞形总状花序。萼筒漏斗状圆筒形，在裂片之下扩大，裂片卵形或卵状三角形。果倒卵状长圆形，熟时红色。①②

相近种 **胡颓子** ***Elaeagnus pungens*** Thunb. 花白色，下垂，密被鳞片，1~3 朵花生于叶腋③。**毛木半夏** ***Elaeagnus courtoisii*** Belval 花黄白色，单生新枝基部叶腋；果实椭圆形④。

bǎoduócǎo

宝铎草

Disporum uniflorum Baker ex S. Moore

科属：百合科，万寿竹属。

生境：林下或灌木丛中。

花期：3~6 月。

多年生草本。茎直立，上部具叉状分枝。叶薄纸质至纸质，矩圆形、卵形、椭圆形至披针形。花黄色、绿黄色或白色，1~5 朵着生于分枝顶端；花被片近直出，倒卵状披针形，下部渐窄，基部具短距；雄蕊内藏。浆果椭圆形或圆形。①②

相近种　**万寿竹** ***Disporum cantoniense*** (Lour.) Merr. 花紫色；花被片斜出，倒披针形③。**深裂竹根七** ***Disporopsis pernyi*** (Hua) Diels 花 1~3 朵生于叶腋，白色，多少俯垂。花被钟形④。

chánggěngguòlùhuáng

长梗排草 **长梗过路黄**

Lysimachia longipes Hemsl.

科属：报春花科，珍珠菜属。

生境：山谷溪边和山坡林下。

花期：5~6月。

①

②

③

④

一年生草本。植株具暗紫色或黑色腺点及短腺条。茎通常单生，除花序外不分枝。叶对生；叶卵状披针形，基部圆形。花 4~11 朵组成顶生和腋生疏散总状花序；花萼裂片披针形；花冠黄色，筒部裂片棱状卵圆形或窄长圆形，先端尖。蒴果。①②③

相近种 **临时救** ***Lysimachia congestiflora*** Hemsl. 总状花序生茎端和枝端，缩短成头状，具花 2~4 朵。花冠黄色，内面基部紫红色，裂片先端散生红色或深褐色腺点④。

hǎibīnmùjǐn

海滨木槿 海槿，日本黄槿

Hibiscus hamabo Siebold & Zucc.

科属：锦葵科，木槿属。

生境：海岸沙滩，海滨盐碱地。

花期：7~10月。

灌木。叶片倒卵圆形或扁圆形，宽稍大于长，不分裂，全缘或仅中上部具细钝齿。花单生于枝端叶腋；花冠钟状，淡黄色，具暗紫色心，花瓣倒卵形；雄蕊柱头光滑无毛，花药多数，肾形；花柱分枝5条，柱头暗红色。蒴果三角状卵形。①②

相近种　**木槿** ***Hibiscus syriacus*** L. 花单生枝端叶腋；花冠钟形，淡紫色，花瓣5枚，倒卵形③。**野西瓜苗** ***Hibiscus trionum*** L. 草本。花单生叶腋；花冠淡黄色，内面基部紫色，花瓣5枚，倒卵形④。

jīnsītáo

金丝桃

金丝莲，金线蝴蝶

Hypericum monogynum L.

科属：藤黄科，金丝桃属。
生境：山坡、路旁或灌丛中。
花期：5~8 月。

灌木。叶倒披针形、椭圆形或长圆形。花单生或组成顶生聚伞花序。花瓣金黄色或橙黄色，宽倒卵形；雄蕊多数，基部合生成 5 束，与花瓣等长或稍长。蒴果宽卵圆形。①②③

相近种　**金丝梅** ***Hypericum patulum*** Thunb. 花序伞房状，具花 1~15 朵。花瓣金黄色，内弯，长圆状倒卵形或宽卵形；雄蕊 5 束，每束具 50~70 枚雄蕊④。

lǘtícǎo

驴蹄草 马蹄草，马蹄叶

Caltha palustris L.

科属：毛茛科，驴蹄草属。

生境：山地较阴湿处。

花期：5~9 月。

多年生草本。叶片近圆形、圆肾形或心形，基部深心形，密生三角形小牙齿。单歧聚伞花序生于茎或分枝顶部，常 2 朵花，萼片 5 枚，黄色，倒卵形或窄倒卵形。蓇葖果狭倒卵形，有喙。①②③

相近种　**萍蓬草** ***Nuphar pumila*** (Timm) DC. 花黄色，单生，漂浮于水面，萼片 5 枚，长圆形，柱头盘状，黄色或带红色④。

māozhuǎcǎo

猫爪草

Ranunculus ternatus Thunb.

科属：毛茛科，毛茛属。

生境：平原湿草地或田边荒地。

花期：3~5 月。

草本。茎直立。基生叶为三出复叶或单叶；茎生叶较小，无柄，3 全裂，裂片线形。单花顶生。萼片 5~7 枚，卵形或宽卵形；花瓣 5~7 枚或更多，黄色或变白色，倒卵形；雄蕊多数。瘦果卵圆形。①②③

相近种　**毛茛** ***Ranunculus japonicus*** Thunb. 聚伞花序，3~15 朵，疏散；花瓣 5 枚，倒卵状圆形，基部有爪④。

qīngfēngténg

清风藤 寻风藤

Sabia japonica Maxim.

科属：清风藤科，清风藤属。
生境：山谷、林缘灌木林中。
花期：2~3 月。

落叶藤本。叶卵状椭圆形、卵形或宽卵形。先叶开花，单生叶腋。萼片 5 枚，近圆形或宽卵形；花瓣 5 枚，淡黄绿色，倒卵形或长圆状倒卵形，具脉纹；花盘杯状，有 5 裂齿。分果爿近圆形或肾形。①②

相近种　**尖叶清风藤** ***Sabia swinhoei*** Hemsl. 聚伞花序有花 2~7 朵；花瓣 5 枚，淡绿色，卵状披针形或披针形③。**鄂西清风藤** ***Sabia campanulata*** subsp. ***ritchieae*** (Rehder & E. H. Wilson) Y. F. Wu 花叶同放。花深紫色，花盘肿胀，边缘环状④。

xìngcài

荇菜

金莲子，莲叶荇菜

Nymphoides peltata (S. G. Gmel.) Kuntze

科属：睡菜科，荇菜属。

生境：池塘或不甚流动的河溪中。

花期：4~10 月。

多年生水生草本。茎圆柱形，多分枝，节下生根。上部叶对生，下部叶互生，叶片漂浮，近革质，圆形或卵圆形，全缘。花常多数，簇生节上，5 数；花冠金黄色，分裂至近基部，冠筒短，喉部具 5 束长柔毛，裂片宽倒卵形，先端圆形或凹陷，中部质厚的部分卵状长圆形，边缘宽膜质，近透明，具不整齐的细条裂齿；雄蕊着生于冠筒上，整齐。蒴果椭圆形，花柱宿存，成熟时不开裂。①②③④

zhōnghuámíhóutáo

中华猕猴桃

Actinidia chinensis Planch.

科属：猕猴桃科，猕猴桃属。

生境：背风向阳环境低山区的山林中。

花期：4~5 月。

落叶藤本。营养枝之叶宽卵圆形或椭圆形，花枝之叶近圆形；聚伞花序具花 1~3 朵，花初白色，后橙黄色；花瓣 5 枚，宽倒卵形，具短距；花药黄色。果黄褐色，具淡褐色斑点。①②

相近种　**黑蕊猕猴桃** ***Actinidia melanandra*** Franch. 雄花聚伞花序，雌花单生。花绿白色或白色，花瓣 5 枚，匙状倒卵形，花药黑色③。**葛枣猕猴桃** ***Actinidia polygama*** (Siebold & Zucc.) Maxim. 雄花聚伞花序，雌花单生。花白色，花瓣 5 枚，倒卵形或长圆状卵圆形；花药黄色或褐色④。

ézhǎngqiū

鹅掌楸

Liriodendron chinense (Hemsl.) Sarg.

科属：木兰科，鹅掌楸属。

生境：山地林中。

花期：5月。

乔木。小枝灰色或灰褐色。叶马褂形，两侧中下部各具1较大裂片，先端具2浅裂，下面苍白色，被乳头状白粉。花杯状；花被片9枚，3轮；外轮3枚绿色，萼片状，向外弯垂；内2轮直立，花瓣状，倒卵形，绿色，具黄色纵条纹；雄蕊多数；心皮多数，黄绿色。聚合果纺锤形，具翅小坚果，顶端钝或钝尖。①②③④

nánwǔwèizǐ

南五味子

Kadsura longipedunculata Finet & Gagnep.

科属：五味子科，南五味子属。
生境：山坡、林中。
花期：6~9 月。

常绿藤本。叶片椭圆形或椭圆状披针形。花单生叶腋，雌雄异株，淡黄色或白色，花被片 8~17 枚，花梗细长，雌花花梗较长。雄花内雄蕊群圆形；雌花内雌蕊群椭圆形。聚合果圆形，深红色至暗紫色，小浆果倒卵圆形。①②③

相近种　华中五味子 ***Schisandra sphenanthera*** Rehder & E. H. Wilson 花生于小枝近基部叶腋。花被片 5~9 枚，橙黄色，椭圆形或长圆状倒卵形④。

tiāntāixiǎobò

长柱小檗 # 天台小檗

Berberis lempergiana Ahrendt

科属：小檗科，小檗属。
生境：林下、林缘、灌丛中或山谷溪边。
花期：4~5月。

常绿灌木。叶片长圆状椭圆形或披针形。花 3~7 朵簇生；花黄色；萼片 3 轮；花瓣长圆状倒卵形；浆果长圆状椭圆形或椭圆形，熟时深紫色，顶端具宿存花柱。①②

相近种　**江南牡丹草** ***Gymnospermium kiangnanense*** (P. L. Chiu) Loconte 总状花序，单一顶生，萼片 6 枚，花瓣 5~6 枚，蜜腺状③。**安徽小檗** ***Berberis anhweiensis*** Ahrendt 总状花序，花瓣腺体橘黄色，花丝黄绿色④。

púrgēn

蒲儿根

Sinosenecio oldhamianus (Maxim.) B. Nord.

科属：菊科，蒲儿根属。
生境：林缘、溪边、潮湿岩石边等处。
花期：1~12 月。

二年生或多年生茎叶草本。基部叶在花期凋落，具长叶柄；茎叶具柄，卵状圆形至卵状披针形，顶端尖或渐尖，基部心形，边缘具齿。头状花序多数排列成顶生复伞房状花序；总苞宽钟状，苞片紫色；舌状花约 13 朵，黄色，长圆形；管状花多数，花冠黄色。①②

相近种　**甘菊** ***Chrysanthemum lavandulifolium*** (Fisch. ex Trautv.) Makino 头状花序单生茎顶；总苞浅碟状③。**千里光** ***Senecio scandens*** Buch.-Ham. ex D. Don 头状花序排列成顶生复聚伞圆锥花序，总苞圆柱状钟形④。

tiánjīng

田菁

Sesbania cannabina (Retz.) Poir.

科属：豆科，田菁属。

生境：通常生于水田、水沟等潮湿低地。

花期：7~12 月。

一年生亚灌木状草本。茎绿色，有时带褐红色，微被白粉。小枝疏生白色绢毛，与叶轴及花序轴均无皮刺。偶数羽状复叶有小叶 20~30 对，小叶线状长圆形。总状花序，疏生花 2~6 朵。花梗纤细，下垂；花冠黄色，旗瓣横椭圆形或近圆形，宽大于长，散生紫黑色点线。荚果细长圆柱形，具喙。①②③

相近种　**合萌** ***Aeschynomene indica*** L. 总状花序短于叶，腋生；花冠黄色，具紫色条纹，早落，旗瓣近圆形④。

gǔlǐngfèngxiānhuā

牯岭凤仙花

Impatiens davidii Franch.

科属：凤仙花科，凤仙花属。
生境：山谷林下或草丛中潮湿处。
花期：7~9 月。

一年生草本。叶互生，卵状长圆形或卵状披针形，边缘有粗圆齿状齿。总花梗长，仅具 1 朵花，中上部有 2 枚苞片；花淡黄色；侧生萼片 2 枚，宽卵形，全缘；旗瓣近圆形，背面中肋具绿色鸡冠状突起；翼瓣 2 裂；唇瓣囊状，具黄色条纹，基部急狭钩状短距，距端 2 浅裂。雄蕊 5 枚。蒴果线状圆柱形。①②

相近种　**黄金凤** ***Impatiens siculifer*** Hook. f. 花金黄色，总花梗纤细③。**淡黄绿凤仙花** ***Impatiens chloroxantha*** Y. L. Chen 花淡黄绿色，翼瓣远小于旗瓣④。

huánghuālǐzǎo

黄花挖耳草

黄花狸藻

Utricularia aurea Lour.

科属：狸藻科，狸藻属。
生境：湖泊、池塘和稻田中。
花期：6~11 月。

水生草本。假根通常不存在，存在时轮生于花序梗的基部或近基部，具丝状分枝。匍匐枝圆柱形，具分枝。叶器多数，具细刚毛。捕虫囊通常多数，侧生于叶器裂片上。花序直立，中上部具疏离的花；花冠黄色，喉部有时具橙红色条纹，喉凸隆起呈浅囊状；距近筒状。蒴果顶端具喙状宿存花柱，周裂。①②③

相近种　**挖耳草** ***Utricularia bifida*** L. 花序直立，花冠黄色，上唇窄长圆形或长卵形，距钻形④。

huáxīrěndōng

华西忍冬

Lonicera webbiana Wall. ex DC.

科属：忍冬科，忍冬属。

生境：溪涧杂木林中或山坡灌丛中。

花期：4 月。

落叶灌木或小乔木。叶纸质，倒卵形、倒卵状长圆形或椭圆状长圆形。总花梗扁；花冠乳白色或淡黄色，后黄色，唇形，冠筒粗短，有深囊，基部骤缢缩成柄状，内有长柔毛，裂片比筒稍长，上唇裂片卵形或宽椭圆形，长为唇瓣 1/3，下唇反折；雄蕊和花柱与花冠几乎等高。果熟时红色，圆形。①②③

相近种　郁香忍冬 ***Lonicera fragrantissima*** Lindl. & Paxton 叶卵形、椭圆形或卵状披针形④。

jīnlán

金兰

Cephalanthera falcata (Thunb.) Blume

科属：兰科，头蕊兰属。

生境：林下、灌丛中、草地上或沟谷旁。

花期：4~5 月。

地生草本。茎直立。叶 4~7 枚；叶片椭圆形、椭圆状披针形或卵状披针形。总状花序，通常有花 5~10 朵；花黄色，直立，稍微张开；花瓣与萼片相似而较短，唇瓣 3 裂，基部内具 7 条纵褶片；距圆锥形，伸出侧萼片基部之外。蒴果狭椭圆状。①②③

相近种　**银兰** ***Cephalanthera erecta*** (Thunb.) Blume 叶较宽短。总状花序，花白色，直立④。

fùyǔyèluánshù

复羽叶栾树 巴拉子，黄山栾树

Koelreuteria bipinnata Franch.

科属：无患子科，栾树属。

生境：山地疏林中。

花期：6~9月。

乔木。二回羽状复叶，小叶9~17枚，互生，稀对生，斜卵形，长3.5~7厘米，先端短尖或短渐尖，基部宽楔形或圆形，有内弯小锯齿；小叶柄长约3毫米或近无柄。圆锥花序，分枝广展，与花梗均被柔毛。萼5裂达中部，裂片宽卵状三角形或长圆形，有短而硬的缘毛及流苏状腺体，边缘啮蚀状；花瓣4枚，长圆状披针形，瓣爪被长柔毛，鳞片2深裂。蒴果椭圆形或近圆形，具3棱，淡紫红色，熟时褐色。①②③④

làbànhuā

蜡瓣花

Corylopsis sinensis Hemsl.

科属：金缕梅科，蜡瓣花属。

生境：森林、山地。

花期：3~4 月。

落叶灌木。芽及幼枝被柔毛。叶倒卵形，先端骤尖，基部不等侧心形，具锯齿；叶柄长 1 厘米，托叶窄长圆形。总状花序被绒毛，总苞片卵圆形，被柔毛，苞片卵形，小苞片长 3 毫米，萼筒被星状毛，萼齿卵形，无毛；花瓣匙形；雄蕊较花瓣短，退化雄蕊 2 裂；子房被星状毛。果序长 4~6 厘米，蒴果近圆形。①②③

相近种　**白背瑞木** ***Corylopsis multiflora*** var. ***nivea*** Hung T. Chang 花瓣倒披针形，雄蕊突出，退化雄蕊不分裂④。

yúnshí

云实 马豆，水皂角

Caesalpinia decapetala (Roth) Alston

科属：豆科，云实属。

生境：山坡灌丛中及平原、丘陵等地。

花期：4~10 月。

藤本。二回羽状复叶，羽片 3~10 对，具柄，基部有刺 1 对。总状花序顶生，具多花。花萼下具关节，花易脱落；花萼裂片 5 枚，长圆形，被短柔毛；花瓣黄色，膜质，圆形或倒卵形，盛开时反卷，瓣柄短；雄蕊与花瓣近等长，花丝基部扁平。荚果无刺，有光泽，沿腹缝线具窄翅，成熟时沿腹缝线开裂，顶端具尖喙。①②③④

hébāoshānguìhuā

荷包山桂花

Polygala arillata Buch.-Ham. ex D. Don

科属：远志科，远志属。
生境：山坡林下或林缘。
花期：5~6 月。

小乔木或灌木状。叶椭圆形至长圆状披针形，先端渐尖，基部楔形。总状花序与叶对生，花稀疏。萼片花后脱落，外层中央 1 枚兜状，内 2 枚花瓣状，红紫色，长圆状倒卵形，与花瓣几成直角；花瓣黄色，侧瓣短于龙骨瓣，龙骨瓣盔状，具无柄条裂鸡冠状附属物；花丝 2/3 以下合生。蒴果宽肾形或稍心形，具窄翅及缘毛。种子圆形。①②③

相近种　**黄花倒水莲** ***Polygala fallax*** Hemsl. 总状花序，花密集；花瓣黄色，龙骨瓣短于花瓣状萼片④。

shānzhūyú

山茱萸

Cornus officinalis Siebold & Zucc.

科属：山茱萸科，山茱萸属。

生境：林缘或森林中。

花期：3~4 月。

近危种。落叶乔木或灌木。叶对生，卵状披针形或卵状椭圆形，全缘。伞形花序生于枝侧，有总苞片 4 枚，卵形，带紫色；总花梗粗壮，花小，两性，先叶开放；花瓣 4 枚，舌状披针形，黄色，向外反卷；雄蕊 4 枚，与花瓣互生。核果长椭圆形，红色至紫红色。①②③

相近种　**檫木** ***Sassafras tzumu*** (Hemsl.) Hemsl. 总状花序出自枝顶混合芽，先叶开放，花小，黄色④。

zhōngguóshísuàn

中国石蒜

Lycoris chinensis Traub

科属：石蒜科，石蒜属。

生境：野生于山坡阴湿处。

花期：7~8月。

多年生草本。叶绿色，春季抽出，带状，先端钝圆，中脉淡色带明显。花茎高约60厘米，顶生伞形花序常有5~6朵花；总苞片2枚，倒披针形。花两侧对称，黄色；花被裂片倒披针形，反卷，背面具淡黄色中肋，边缘波状皱缩；雄蕊和花被近等长或稍伸出花被，花丝黄色；花柱上端玫瑰红色。①②③

相近种 **忽地笑** ***Lycoris aurea*** (L'Hér.) Herb. 花两侧对称，黄色，花被裂片背面中脉具淡绿色带，边缘波状皱缩；雄蕊稍伸出花被，比花被长约1/6④。

jiǎnhóngshāhuā

剪红纱花 宫秋，散血沙

Lychnis senno Siebold & Zucc.

科属：石竹科，剪秋罗属。

生境：疏林下或灌丛草地。

花期：7~8 月。

草本。茎单生，直立。叶对生，卵状披针形。二歧聚伞花序具多花；花萼窄筒状；花瓣 5 枚，橙红色，瓣片三角状倒卵圆形，先端不规则深条裂，裂片具缺刻状齿；花药暗紫色。蒴果椭圆状卵圆形。①②

相近种 **剪春罗** ***Lychnis coronata*** Thunb. 二歧聚伞花序具数花；花瓣 5 枚，橘红色，瓣片倒卵形，先端不规则浅裂，裂片具缺刻状细齿③。**瞿麦** ***Dianthus superbus*** L. 花单生或稀疏的聚伞花序；花瓣 5 枚，淡红色或紫红色，瓣片宽倒卵形，边缘缝裂至中部或中部以上④。

juǎndān

卷丹

Lilium tigrinum Ker Gawl.

科属：百合科，百合属。
生境：山坡灌木林下、草地路边或水旁。
花期：7~8 月。

多年生草本。茎带紫色条纹，具白色绵毛。叶散生，矩圆状披针形或披针形，上部叶腋有珠芽。花 3~6 朵或更多；花下垂，花被片披针形，反卷，橙红色，有紫黑色斑点；雄蕊四面张开；花丝淡红色。蒴果狭长卵形。①②

相近种　**青岛百合** ***Lilium tsingtauense*** Gilg 叶轮生。花单生或 2~7 朵成总状花序；花橙黄色或橙红色，有紫红色斑点；花被片张开而不反卷③。**有斑百合** ***Lilium concolor*** var. ***pulchellum*** (Fisch.) Regel 花 1~5 朵排成近伞形或总状花序；花直立，星状开展，深红色，有斑点④。

shègān

射干 交剪草，野萱花

Belamcanda chinensis (L.) DC.

科属：鸢尾科，射干属。
生境：林缘或山坡草地处。
花期：6~8 月。

多年生草本。根状茎斜伸，黄褐色；须根多数，带黄色。叶互生，剑形，无中脉，嵌迭状 2 列。花序叉状分枝。花梗及花序的分枝处有膜质苞片；花橙红色，有紫褐色斑点；花被裂片倒卵形或长椭圆形，内轮较外轮裂片稍短窄；雄蕊花药线形外向开裂；子房倒卵形。蒴果倒卵圆形，室背开裂果瓣外翻，中央有直立果轴。种子圆球形，黑紫色，有光泽。①②③④

dàoluǎnyèruìxiāng

倒卵叶瑞香

Daphne grueningiana H. J. P. Winkl.

科属：瑞香科，瑞香属。
生境：沟边或竹林边。
花期：3~4 月。

常绿小灌木。叶互生，常簇生于枝顶近对生状，倒卵状披针形或倒卵状椭圆形，顶端圆形或钝圆形。花白色，8~12 朵组成顶生的头状花序；花萼筒圆筒状，裂片 4 枚，卵形或长圆形，顶端钝圆形，微 2 裂，具脉纹；雄蕊 8 枚，2 轮；花盘环状，边缘具细圆锯齿。果卵圆形，红色。①②③

相近种　**毛瑞香** ***Daphne kiusiana*** var. ***atrocaulis*** (Rehder) Maek. 花 5~13 朵组成顶生头状花序，无花序梗；花白色、黄色或淡紫色；花萼裂片 4 枚，卵形或三角形④。

liǔyècài

柳叶菜 鸡脚参，水朝阳花

Epilobium hirsutum L.

科属：柳叶菜科，柳叶菜属。

生境：潮湿处、沙地或石砾地。

花期：6~8月。

多年生草本。茎多分枝。叶草质，对生，茎上部互生，多少抱茎，披针状椭圆形至稀窄披针形，先端锐尖至渐尖，基部近楔形，具细锯齿。总状花序直立，萼片长圆状线形，背面隆起成龙骨状，花瓣玫瑰红色、粉红色或紫红色，宽倒心形，先端凹缺；子房灰绿色或紫色，柱头伸出稍高过雄蕊，4深裂。①②③

相近种 **长籽柳叶菜** ***Epilobium pyrricholophum*** Franch. & Sav. 花序直立。花瓣粉红色或紫红色，倒卵形或倒心形，先端凹缺；柱头棍棒状或近头状，不裂④。

qiūhǎitáng

八香，无名相思草 **秋海棠**

Begonia grandis Dryand.

科属：秋海棠科，秋海棠属。

生境：山谷潮湿处或山谷灌丛中等处。

花期：7 月。

草本。茎直立，较粗壮，多分枝。茎生叶宽卵形或卵形，基部心形，具不等大三角形浅齿，叶脉与叶柄带紫红色。叶腋间生珠芽。2~4 回二歧聚伞花序，花粉红色，较多。雄花花被片 4 枚，雄花花丝下半部合生成约 3 毫米的雄蕊柱。雌花花被片 3 枚。蒴果下垂，具不等 3 翅。①②③

相近种　**美丽秋海棠** ***Begonia algaia*** L. B. Sm. & Wassh. 叶片掌状深裂。花常玫瑰色带白色，4 朵，二歧聚伞状④。

shānshì

山柿 浙江柿

Diospyros japonica Siebold & Zucc.

科属：柿树科，柿树属。

生境：山坡、山谷混交林中或山谷涧畔。

花期：4~5 月。

落叶乔木。叶革质，宽椭圆形至卵状披针形，基部圆、平截、浅心形或钝。花雌雄异株；雄花成聚伞花序，常有花 3 朵；花冠壶形，4 浅裂，裂片近圆形，雄蕊 16 枚。雌花单生或 2~3 朵丛生叶腋，花冠坛状，基部乳白色带黄色，4 裂，裂片顶端带紫红色。果圆形或扁圆形，成熟时橙黄色或红色，被白霜，花萼宿存。①②③

相近种 君迁子 ***Diospyros lotus*** L. 花雌雄异株。雄花花冠壶形，带红色或淡黄色；雌花单生，淡绿色或带红色。果熟时蓝黑色④。

yìyàohuā

异药花

Fordiophyton faberi Stapf

科属：野牡丹科，异药花属。
生境：山地阴湿处或山坡草地。
花期：6~9 月。

草本或亚灌木。茎四棱形，棱上常具窄翅。叶常在同一节上差别较大，宽披针形至椭圆形，先端渐尖，基部浅心形或圆形，具细锯齿，叶柄具窄翅。聚伞花序组成圆锥花序，花多数。花梗四棱形，花瓣白色至紫红色，倒卵状长圆形，雄蕊不等长。蒴果倒圆锥形，具 4 棱。①②③④

dēnglóngshù

灯笼树 钩钟花，荔枝木

Enkianthus chinensis Franch.

科属：杜鹃花科，吊钟花属。

生境：山坡疏林中。

花期：5~7 月。

①

②

③

④

落叶灌木或小乔木。叶聚生枝端，坚纸质或薄纸质，椭圆形或长圆状椭圆形，有锯齿；伞房状总状花序生枝顶。花冠橙黄色，具红色条纹，宽钟状，裂片常暗红色，微反卷；雄蕊长不及花冠长度之半。蒴果卵圆形，下垂。①②③

相近种 **齿缘吊钟花** ***Enkianthus serrulatus*** (E. H. Wilson) C. K. Schneid. 伞形花序。花冠钟形，白绿色，口部 5 浅裂，裂片反卷④。

dùjuān

山石榴，映山红 **杜鹃**

Rhododendron simsii Planch.

科属：杜鹃花科，杜鹃属。

生境：马尾松林、林缘、开阔山地灌丛。

花期：4~5 月。

落叶灌木。叶卵形、椭圆形或卵状椭圆形，具细齿。花 2~6 朵簇生枝顶，花萼 5 深裂，花冠漏斗状，玫瑰色、鲜红色或深红色，5 裂，裂片上部有深色斑点；雄蕊 10 枚，长约与花冠相等，花丝线状，中部以下被微柔毛；子房卵圆形，10 室，花柱伸出花冠外，无毛。蒴果卵圆形，花萼宿存。①②③

相近种　**满山红** ***Rhododendron mariesii*** Hemsl. & E. H. Wilson 花常 2 朵顶生，先花后叶。花冠漏斗状，长 3 厘米，淡紫红色，有深色斑点，5 裂；雄蕊 8~10 枚④。

fàntiānhuā

梵天花 红野棉花，三合枫

Urena procumbens L.

科属：锦葵科，梵天花属。

生境：山坡小灌丛中。

花期：6~9 月。

小灌木。茎下部叶近卵形，掌状 3~5 深裂达叶中部以下，中裂片倒卵形或近菱形，先端钝，基部圆形或近心形，具锯齿；小枝上部叶中部浅裂呈葫芦形。花单生或簇生叶腋；花冠淡红色，花瓣 5 枚，倒卵形；雄蕊与花瓣等长；花柱分枝 10 个。分果近圆形，分果爿具锚状刺和长硬毛。①②③

相近种　**地桃花** ***Urena lobata*** L. 叶片大，掌状 3~5 浅裂，中央裂片三角形。花单生或近簇生叶腋。花冠淡红色，花瓣 5 枚，倒卵形④。

fěntuánqiángwēi

粉团蔷薇

Rosa multiflora* var. *cathayensis

Rehder & E. H. Wilson

科属：蔷薇科，蔷薇属。

生境：山坡、灌丛或河边等处。

花期：4~6 月。

攀缘灌木。小叶 5~9 枚，小叶片倒卵形、长圆形或卵形，先端急尖或圆钝；托叶篦齿状，大部贴生于叶柄。花多朵，排成圆锥状花序；花单瓣，粉红色，宽倒卵形，先端微凹。果近圆形，红色或紫褐色。①②③

相近种　**钝叶蔷薇** ***Rosa sertata*** Rolfe 花单生或 3~5 朵排成伞房状。花瓣粉红色或玫瑰色，宽倒卵形，先端微凹，短于萼片④。

hóngdúhuí

红毒茴 红茴香，莽草

Illicium lanceolatum A. C. Sm.

科属：八角科，八角属。

生境：林地或灌丛下阴湿处。

花期：4~6 月。

灌木或小乔木。枝条纤细。叶互生、簇生或排成假轮生，革质，披针形至倒卵状椭圆形，先端尾尖或渐尖，基部窄楔形；叶柄纤细。花腋生或近顶生，单生或 2~3 朵，红色、深红色；花梗纤细；花被片 10~15 枚，肉质，最大的花被片椭圆形或长圆状倒卵形；雄蕊 6~11 枚，花药分离，药隔不明显截形或稍微缺，药室突起；心皮 10~14 枚，花柱钻形，纤细，骤然变狭。①②③④

hóutóudùjuān

南华杜鹃 猴头杜鹃

Rhododendron simiarum Hance

科属：杜鹃花科，杜鹃属。

生境：山坡林中。

花期：4~5 月。

常绿灌木。叶常密生于枝顶，5~7 枚，厚革质，倒卵状披针形至椭圆状披针形，先端钝尖或钝圆，基部楔形，微下延于叶柄；叶柄圆柱形。顶生总状伞形花序，有花 5~9 朵；总轴淡棕色；花梗直而粗壮；花萼盘状，5 裂；花冠钟状，乳白色至粉红色，喉部有紫红色斑点，5 裂，裂片半圆形，顶端有凹缺；雄蕊 10~12 枚，不等长，花丝基部微宽扁，花药椭圆形；子房圆柱状，花柱细长，基部有时具腺体，其余光滑。蒴果长椭圆形。①②③④

húběihǎitáng

湖北海棠 花红茶，秋子，野花红

Malus hupehensis (Pamp.) Rehder

科属：蔷薇科，苹果属。

生境：山坡或山谷丛林中。

花期：4~5月。

乔木。叶卵形至卵状椭圆形，边缘有细锐锯齿，常紫红色；花4~6朵组成伞房花序。花瓣粉红色或白色，倒卵形，萼片绿色带紫色；雄蕊20枚，花柱3~4个。果椭圆形或近圆形，黄绿色，稍带红晕，萼片脱落。①②

相近种 **毛山荆子** ***Malus mandshurica*** (Maxim.) Kom. ex Juz. 伞形花序。花瓣白色，长倒卵形，萼片绿色，雄蕊26~30枚③。**三叶海棠** ***Malus sieboldii*** (Regel) Rehder 花集生于小枝顶端，花瓣淡粉红色，长椭圆形倒卵状，雄蕊20枚④。

lùjiǎodùjuān

岩杜鹃 # 鹿角杜鹃

Rhododendron latoucheae Franch.

科属：杜鹃花科，杜鹃属。
生境：杂木林内。
花期：3~6 月。

常绿灌木或小乔木。小枝开展，灰色或淡白色，常 3 枝轮生。叶集生枝顶，近于轮生，革质；叶片卵状椭圆形或长圆状披针形，基部楔形或近于圆形，边缘反卷。花单生枝顶叶腋，枝端具花 1~4 朵。花冠窄漏斗状，白色或粉红色，5 深裂；雄蕊 10 枚，不等长，部分伸出花冠。蒴果圆柱状，有宿存花柱。①②③

相近种　**刺毛杜鹃** ***Rhododendron championiae*** Hook. 伞形花序。花冠白色或淡红色，5 深裂④。

luómó

萝藦 老鸹瓢，奶浆藤

Metaplexis japonica (Thunb.) Makino

科属：萝藦科，萝藦属。

生境：林边荒地、河边、路旁灌丛中。

花期：7~8 月。

多年生草质藤本；茎下部木质化。叶膜质，卵状心形。总状式聚伞花序腋生或腋外生，具长总花梗；花冠白色，有淡紫红色斑纹，近辐状，花冠筒短，花冠裂片披针形，张开，顶端反折；副花冠环状，着生于合蕊冠上，短 5 裂，裂片兜状。蓇葖果双生，纺锤形。①②

相近种　**蔓剪草** ***Cynanchum chekiangense*** M. Cheng 花冠深红色，副花冠裂片三角状卵形③。**柳叶白前** ***Cynanchum stauntonii*** (Decne.) Schltr. ex H. Lév. 花冠紫色，辐状，副花冠裂片卵形④。

mùguā

木李，海棠 **木瓜**

Chaenomeles sinensis (Thouin) Koehne

科属：蔷薇科，木瓜属。
生境：野生或栽培。
花期：4月。

灌木或小乔木。树皮成片状脱落；小枝紫红色，二年生枝紫褐色。叶片椭圆卵形或椭圆长圆形，先端急尖，基部宽楔形或圆形，边缘有刺芒状尖锐锯齿，齿尖有腺；叶柄短，有腺齿；托叶膜质。花单生于叶腋，花梗短粗；萼筒钟状，萼片三角披针形，先端渐尖，边缘有腺齿，反折；花瓣倒卵形，淡粉红色；雄蕊多数，长不及花瓣之半；花柱3~5个，基部合生，柱头不显明分裂，约与雄蕊等长或稍长。果实长椭圆形，暗黄色，木质，味芳香，果梗短。①②③④

shènyèdǎwǎnhuā

肾叶打碗花 滨旋花，扶子苗

Calystegia soldanella (L.) R. Br.

科属：旋花科，打碗花属。

生境：海滨沙地或海岸岩石缝中。

花期：5~7 月。

多年生草本。根细长。茎细长，平卧，具细棱或偶具窄翅。叶质厚，肾形，先端圆或微凹，具小尖头，全缘或浅波状。花单生叶腋；花冠淡红色，宽漏斗形，冠檐微裂。蒴果卵圆形。①②③

相近种 **厚藤** ***Ipomoea pes-caprae*** (L.) R. Br 叶片先端微凹或 2 裂，花冠紫红色或深红色④。

zhōnghuāyīngtáo

绯樱，山樱花 **钟花樱桃**

Cerasus campanulata

(Maxim.) A. N. Vassiljeva

科属：蔷薇科，樱属。
生境：山谷林中及林缘。
花期：2~3 月。

乔木或灌木。叶卵形、卵状椭圆形或倒卵状椭圆形，先端渐尖，基部圆形，有急尖锯齿，常稍不整齐。伞形花序，有花 2~5 朵，先叶开花。萼筒钟状，萼片长圆形，全缘；花瓣倒卵状长圆形，紫红色，先端下凹，稀全缘。核果卵圆形，顶端尖。①②③

相近种 **华中樱桃** ***Cerasus conradinae*** (Koehne) T. T. Yu & C. L. Li 花瓣白色或粉红色，卵形或倒卵形，先端 2 裂④。

mùtōng

木通 活血藤，山通草

Akebia quinata (Houtt.) Decne.

科属：木通科，木通属。

生境：山地灌木丛、林缘和沟谷中。

花期：4~5 月。

多年生柔弱草本。叶丛生；叶椭圆形或长圆形，羽状全裂，羽片 1~6 对，椭圆形或长圆形，每边具 2~4 枚粗齿或缺刻。花葶细弱；伞形花序具花 1~4 朵。花萼钟状，分裂达中部以下；花冠淡红色或淡蓝紫色，裂片楔状长圆形，先端近平截或微凹缺。①②

相近种　**三叶木通** ***Akebia trifoliata*** (Thunb.) Koidz. 小叶 3 枚。总状花序，雄花萼片淡紫色，雌花萼片暗紫红色③。**显脉野木瓜** ***Stauntonia conspicua*** R. H. Chang 花序稀疏伞房状，腋生，花紫红色或黄绿色④。

yàobǎihé

药百合

***Lilium speciosum* var. *gloriosoides* Baker**

科属：百合科，百合属。

生境：阴湿林下及山坡草丛中。

花期：7~8 月。

多年生草本。鳞茎扁圆形。茎高 60~120 厘米。叶散生，宽披针形、矩圆状披针形或卵状披针形，基部渐狭或近圆形，具 3~5 脉。花 1~5 朵，排列成总状花序或近伞形花序；花下垂，花被片长反卷，边缘波状，白色，下部 1/2~1/3 有紫红色斑块和斑点，蜜腺两边有红色的流苏状突起和乳头状突起；雄蕊四面张开；花丝绿色，花药绛红色。蒴果近圆形，淡褐色，成熟时果梗膨大。①②③④

qiūmǔdān

秋牡丹 吹牡丹，土牡丹

Anemone hupehensis

var. ***japonica*** (Thunb.) Bowles & Stearn

科属：毛茛科，银莲花属。

生境：栽培或逸生。

花期：7~10 月。

多年生草本。茎直立，较粗壮，多分枝。茎生叶宽卵形或卵形，基部心形，具不等大三角形浅齿，叶脉与叶柄带紫红色。叶腋间生珠芽。2~4 回二歧聚伞花序，花粉红色，较多。雄花花被片 4 枚，雄花花丝下半部合生成约 3 毫米的雄蕊柱；雌花花被片 3 枚。蒴果下垂，具不等 3 翅。①②③

相近种　打破碗花花 ***Anemone hupehensis*** (Lemoine) Lemoine 花单瓣，萼片 5~6 枚，紫红色，倒卵形④。

zhèjiānghóngshānchá

浙江红花油茶 **浙江红山茶**

Camellia chekiangoleosa Hu

科属：山茶科，山茶属。

生境：山地。

花期：2~4 月。

乔木或灌木状。叶片椭圆形或倒卵状椭圆形。花红色，单花顶生或腋生；花无梗；苞片及萼片 14~16 枚，近圆形，被银白色绢毛，宿存；花瓣 7 枚，外层 2 枚倒卵形，被白绢毛，余 5 枚宽倒卵形，先端 2 裂，无毛；外轮花丝除与花冠合生部分外再向上连生成短筒。蒴果卵圆形，顶端具短喙，萼片宿存。①②③④

tiānmùyùlán

天目玉兰

Yulania amoena (W. C. Cheng) D. L. Fu

科属：木兰科，玉兰属。

生境：林中。

花期：4~5月。

易危种。落叶乔木。小枝绿色。叶互生，叶片宽倒披针形或倒披针状椭圆形，全缘。花先叶开花，粉红色，单生枝顶。花被片9枚，倒披针形或匙形；聚合果不规则细柱形，常弯曲。①②③

相近种　**黄山玉兰** ***Yulania cylindrica*** (E. H. Wilson) D. L. Fu 小枝紫褐色。花被片9枚，外轮3枚远小于中内2轮，白色，基部常红色，倒卵形④。

gé
葛

Pueraria montana (Lour.) Merr.

科属：豆科，葛属。
生境：山地疏林或密林中。
花期：9~10月。

粗壮藤本。茎基部木质，有粗厚的块状根。小叶3裂，顶生小叶宽卵形或斜卵形，先端长渐尖，侧生小叶斜卵形，稍小。总状花序中部以上花密生，花萼钟形，花冠紫色，旗瓣倒卵形，基部有2耳及黄色附属体，翼瓣镰状，较龙骨瓣为窄，基部具耳，龙骨瓣镰状长圆形；二体雄蕊，或仅上部离生。荚果长椭圆形。①②③④

huángshānzǐjīng

黄山紫荆 秦氏紫荆

Cercis chingii Chun

科属：豆科，紫荆属。

生境：疏林、灌丛、路旁或栽培。

花期：2~3 月。

濒危种。丛生灌木。主干和分枝常呈披散状。叶近革质，卵圆形或肾形，先端急尖或圆钝，基部心形或截平，干后下面常呈棕色；叶柄两端微膨大。花常先叶开放，数朵簇生于老枝上，淡紫红色，后渐变白色。荚果厚革质，无翅和果颈，喙粗大，坚硬，二瓣裂，果瓣常扭曲；种子 3~6 粒，嵌入一厚而微白色、干后呈棕褐色的海绵状组织内。①②③④

měilìhúzhīzi

美丽胡枝子

Lespedeza thunbergii

subsp. ***formosa*** (Vogel) H. Ohashi

科属：豆科，胡枝子属。

生境：山坡、路旁及林缘灌丛中。

花期：7~9 月。

灌木。叶具小叶 3 枚，椭圆形至卵形。总状花序比叶长，或组成顶生圆锥花序；花梗短；花冠红紫色，各瓣片基部均具耳和瓣柄，旗瓣近圆形，翼瓣倒卵状长圆形，较旗瓣、龙骨瓣短，龙骨瓣较旗瓣长。荚果倒卵形或倒卵状长圆形。①②

相近种　**杭子梢** ***Campylotropis macrocarpa*** (Bunge) Rehder 花萼稍浅裂或近中裂，稀深裂；花冠紫红色或近粉红色③。**胡枝子** ***Lespedeza bicolor*** Turcz. 总状花序比叶长，常成疏散圆锥花序；花萼裂片常短于萼筒，花冠红紫色④。

zhèjiāngfèngxiānhuā

浙江凤仙花

Impatiens chekiangensis Y. L. Chen

科属：凤仙花科，凤仙花属。
生境：山谷河边林下或阴湿岩石上。
花期：7~8 月。

一年生草本。叶互生，叶片卵状长圆形，边缘有圆齿状齿。总花梗单生于叶腋，具花 2 朵，稀具花 3 朵，近叉状；花粉紫色，侧生萼片 2 枚，卵状圆形，全缘；旗瓣近圆形，背面中肋增厚；翼瓣近无柄，2 裂；唇瓣狭漏斗状，口部斜上，基部渐狭成内弯的距。①②

相近种　**华凤仙** ***Impatiens chinensis*** L. 花较大，单生或 2~3 朵簇生于叶腋，无总花梗，紫红色或白色③。**浙皖凤仙花** ***Impatiens neglecta*** Y. L. Xu & Y. L. Chen 单花腋生，花紫色或淡紫红色，喉部具黄斑④。

bànbiānlián

急解索，细米草 **半边莲**

Lobelia chinensis Lour.

科属：桔梗科，半边莲属。
生境：水田边、沟边及潮湿草地上。
花期：5~10 月。

多年生草本。叶互生，近无柄，椭圆状披针形或线形，先端急尖，基部圆形或宽楔形，全缘或顶部有明显的锯齿；花通常 1 朵，生于分枝的上部叶腋；花萼筒倒长锥状，基部渐细而与花梗无明显区分，裂片披针形；花冠粉红色或白色，裂至基部，裂片全部平展于下方，2 枚侧裂片披针形，较长，中间 3 枚裂片椭圆状披针形，较短。蒴果倒锥状。①②③

相近种　**铜锤玉带草** ***Lobelia nummularia*** Lam. 花单生叶腋，花萼筒坛状；花冠紫红色、淡紫色、绿色或黄白色，檐部二唇形④。

báijí

白及

Bletilla striata (Thunb.) Rchb. f.

科属：兰科，白及属。

生境：林下、路边草丛或岩石缝中。

花期：4~5 月。

濒危种。地生草本。茎粗壮。叶 4~6 枚，窄长圆形或披针形。总状花序顶生，具花 3~10 朵。花紫红色或淡红色；花瓣较萼片稍宽，唇瓣倒卵状椭圆形，白色带紫红色，唇盘具 5 条纵褶片，从基部伸至中裂片近顶部，在中部以上 3 裂，中裂片倒卵形或近四方形，先端凹缺，具波状齿。①②③

相近种　竹叶兰 ***Arundina graminifolia*** (D. Don) Hochr. 总状花序顶生。花瓣及唇瓣筒部白色或略带紫色，唇瓣先端深紫色，中间有黄斑④。

wúgōnglán

蜈蚣兰

Pelatantheria scolopendrifolia
(Makino) Aver.

科属：兰科，钻柱兰属。
生境：崖石上或山地林中树干上。
花期：4 月。

附生草本。植株匍匐，茎细长，分枝，多节。叶 2 列，疏离，稍两侧对折呈半圆柱形，先端钝。总状花序具花 1~2 朵，侧生，较叶短。萼片和花瓣淡肉色；中萼片卵状长圆形，侧萼片斜卵状长圆形，与中萼片等长较宽；花瓣近长圆形，较小，唇瓣白色带黄色斑点，3 裂，侧裂片近三角形，上端钝，稍前弯，中裂片稍肉质，舌状三角形，基部具褶脊达距内；距近圆形，袋状。果实长倒卵形。①②③④

bēijīngshégū

杯茎蛇菰

Balanophora subcupularis P. C. Tam

科属：蛇菰科，蛇菰属。

生境：密林中。

花期：9~11 月。

肉质草本。根状茎淡黄褐色，常呈杯状，密被小疣瘤和皮孔。花茎圆柱形，直立，淡红色。花雌雄同株（序），肉穗花序；雄花少数，着生于花序基部，近辐射对称，花被 4 裂；雌花多数，着生于花序基部以上。①②③

相近种　**疏花蛇菰** ***Balanophora laxiflora*** Hemsl. 花雌雄异株（序），花茎较粗壮且长，雄花花被 6 裂④。

dìyú

地榆

黄爪香，山枣子，玉札

Sanguisorba officinalis L.

科属：蔷薇科，地榆属。

生境：草地、灌丛中、疏林下。

花期：7~10月。

多年生草本。茎有棱。基生叶为羽状复叶，小叶4~6对，叶柄无毛或基部有稀疏腺毛；小叶卵形或长圆状卵形；茎生叶较少，小叶长圆形或长圆状披针形。穗状花序椭圆形、圆柱形或卵圆形，直立，从花序顶端向下开放，萼片4枚，紫红色，椭圆形或宽卵形，雄蕊4枚，花丝丝状，与萼片近等长或稍短。瘦果包藏宿存萼筒内，有4棱。①②③④

miánzǎor

绵枣儿

Barnardia japonica (Thunb.) Schult. & Schult. f.

科属：百合科，绵枣儿属。
生境：山坡、草地、路边或林缘。
花期：7~11 月。

多年生草本。鳞茎卵形或近圆形，外皮黑褐色或褐色，鳞茎下部生有多数须根。叶基生，常 2~5 枚，条形，平滑，正面凹。花葶先叶抽出，顶生总状花序，具多数花，苞片小，线状；花小，粉红色、紫红色或粉白色；花被片 6 枚，长圆形、倒卵形或狭椭圆形，有深紫色的脉纹 1 条；雄蕊 6 枚。蒴果倒卵形，室背开裂。①②③

相近种　**粉条儿菜** ***Aletris spicata*** (Thunb.) Franch. 花葶粗壮，总状花序疏生多花；花小，黄绿色，上部粉红色，近钟形④。

shòucǎo

绶草

Spiranthes sinensis (Pers.) Ames

科属：兰科，绶草属。
生境：林地、灌丛、草地或河滩沼泽中。
花期：7~8 月。

地生草本。茎近基部生叶 2~5 枚。叶宽线形或宽线状披针形，直伸，基部具柄状鞘抱茎。花葶直立。穗状花序，密生多花，螺旋状扭转排列。花瓣与萼片下部白色，上部淡紫红色或粉红色；唇瓣宽长圆形，白色。①②③

相近种 二叶兜被兰 ***Neottianthe cucullata*** (L.) Schltr. 叶 2 枚，花序的花常偏向同一侧。花紫红色或粉红色；萼片与花瓣靠合成兜，花瓣披针状线形④。

xiǎoyèwénmǔshù

小叶蚊母树

Distylium buxifolium (Hance) Merr.

科属：金缕梅科，蚊母树属。

生境：山溪旁或河边。

花期：4~5 月。

常绿灌木。叶互生；叶片倒披针形或矩圆状倒披针形。穗状花序腋生；萼筒极短，萼齿披针形。花单性或杂性，密集；无花瓣；两性花雄蕊 5~6 枚，花药红色。蒴果卵圆形。①②

相近种 **水丝梨** ***Sycopsis sinensis*** Oliv. 穗状雄花序密集，苞片红褐色，卵圆形，花丝纤细，花药紫红色；雌花或两性花组成短穗状花序③。**银缕梅** ***Parrotia subaequalis*** (Hung T. Chang) R. M. Hao & H. T. Wei 头状花序生于侧枝的顶端或叶腋，花丝丝状，黄绿色，伸长并下垂，花药带红色④。

yuányèjiéjiécài

圆叶节节菜

豆瓣菜，指甲叶

Rotala rotundifolia
(Buch.-Ham. ex Roxb.) Koehne

科属：千屈菜科，节节菜属。
生境：水田或潮湿处。
花期：12 月至翌年 6 月。

一年生草本。茎直立，丛生，带紫红色。叶对生，近圆形至椭圆形。花单生于苞片内，组成顶生稠密穗状花序，花瓣 4 枚，倒卵形，淡紫红色，长约为花萼裂片 2 倍；雄蕊 4 枚，子房近梨形。蒴果椭圆形。①②③

相近种　**千屈菜** ***Lythrum salicaria*** L. 聚伞花序，簇生，花枝似一大型穗状花序④。

fǎngùmǎxiānhāo

返顾马先蒿

Pedicularis resupinata L.

科属：玄参科，马先蒿属。

生境：湿润草地及林缘。

花期：6~8 月。

多年生草本。茎上部多分枝。叶均茎生，互生或中下部叶对生；叶卵形或长圆状披针形，有钝圆重齿，齿上有浅色胼胝或刺尖，常反卷。总状花序，苞片叶状。花萼长卵圆形，前方深裂，萼齿 2 枚；花冠淡紫红色，花冠筒基部向右扭旋，下唇及上唇成返顾状，上唇上部两次稍膝状弓曲，顶端成圆锥状短喙，背部常被毛，下唇稍长于上唇，锐角开展，有缘毛，中裂片较小，略前凸；花丝 1 对有毛。①②③④

huángshuǐzhī

博落，防风七，水前胡 **黄水枝**

Tiarella polyphylla D. Don

科属：虎耳草科，黄水枝属。
生境：林下、灌丛和阴湿地。
花期：4~11 月。

1

2

3

4

多年生草本。根状茎横走，深褐色。茎不分枝。基生叶具长柄，叶片心形，先端急尖，基部心形，掌状 3~5 浅裂，边缘具不规则浅齿；叶柄基部扩大呈鞘状；托叶褐色；茎生叶通常 2~3 枚，与基生叶同型，叶柄较短。总状花序；花梗长；萼片在花期直立，卵形，先端稍渐尖；无花瓣；花丝钻形；心皮 2 枚，不等大，下部合生，子房近上位，花柱 2 个。蒴果；种子黑褐色，椭圆球形。①②③④

shānhuái

山槐 马缨花，山合欢

Albizia kalkora (Roxb.) Prain

科属：豆科，合欢属。

生境：山坡灌丛、疏林中。

花期：5~6 月。

落叶小乔木或灌木。二回羽状复叶；羽片 2~4 对；小叶 5~14 对，长圆形或长圆状卵形。花序头状，2~7 个花序生于叶腋或于枝顶排成圆锥花序。花初时白色，后变黄色，花梗明显；花萼管状，5 齿裂；花冠中下部连合呈管状，裂片披针形，花萼、花冠均密被长柔毛。荚果带状。①②③

相近种 **合欢** ***Albizia julibrissin*** Durazz. 二回羽状复叶；羽片 4~12 对，多至 20 对。头状花序于枝顶排成圆锥花序；花序轴蜿蜒状。花粉红色④。

shísuàn

石蒜

龙爪花，蟑螂花

Lycoris radiata (L'Hér.) Herb.

科属：石蒜科，石蒜属。

生境：河谷、沟边阴湿石缝中或栽培。

花期：8~9 月。

多年生草本。鳞茎近圆形。叶深绿色，秋季出叶，窄带状，先端钝，中脉具粉绿色带。花茎高约 30 厘米，顶生伞形花序有花 4~7 朵；总苞片 2 枚，披针形。花两侧对称，鲜红色，花被筒绿色；花被裂片窄倒披针形，外弯，边缘皱波状；雄蕊伸出花被，比花被长约 1 倍。①②③

相近种　**换锦花** *Lycoris sprengeri* Comes ex Baker 顶生伞形花序有花 4~6 朵；花辐射对称，淡紫红色；花被裂片倒披针形，先端常带蓝色，边缘非波状皱缩④。

dùhéng

杜衡 马辛，双龙麻消

Asarum forbesii Maxim.

科属：马兜铃科，细辛属。

生境：林下沟边阴湿地。

花期：4~5 月。

近危种。多年生草本。根状茎短，根丛生，稍肉质。叶片宽心形或肾状心形，上面有时具云斑。花单生叶腋，暗紫色；花被筒钟状或圆筒状，内侧具突起的网格，喉部不缢缩，花被片直伸，卵形，脉纹明显；雄蕊 12 枚，花丝极短。①②③

相近种 **细辛** ***Asarum sieboldii*** Miq. 花紫黑色；花被筒钟状，内壁仅具多数纵褶，花被片三角状卵形，直伸或近平展；花丝与花药近等长或稍长④。

qiànshí

芡实

刺莲藕，鸡头米

Euryale ferox Salisb.

科属：睡莲科，芡属。

生境：池塘、湖沼中。

花期：7~8 月。

一年生大型水生草本。具白色须根。初生叶沉水，后生叶圆盾状；浮水叶革质，椭圆肾形至圆形，盾状，全缘；叶柄及花梗粗壮，圆柱状，中空，皆有硬刺。花梗顶生花 1 朵。萼片披针形，肉质；花瓣多数，成 3~5 轮排列，向内渐变成雄蕊；外轮鲜紫红色，中层紫红色，具白斑，内层内面白色，外面具紫红色斑点；雄蕊多数；子房下位，柱头红色。①②③

相近种　**莼菜** ***Brasenia schreberi*** J. F. Gmel. 花小，单生叶腋。花被片 6 枚，2 轮，条形，暗紫色④。

yùchánhuā

玉蝉花 花菖蒲，紫花鸢尾

Iris ensata Thunb.

科属：鸢尾科，鸢尾属。

生境：沼泽地或河岸的水湿地。

花期：6~7 月。

近危种。多年生草本。植株基部围有叶鞘残留的纤维；根状茎粗壮，斜伸，外包有棕褐色叶鞘残留的纤维；须根绳索状，灰白色，有皱缩的横纹。叶线形，中脉明显。花茎实心，苞片 3 枚，平行脉突出，包花 2 朵。花深紫色；外花被裂片倒卵形，中脉有黄色条斑；内花被裂片窄披针形；雄蕊花药紫色。蒴果长椭圆形。①②③

相近种 **鸢尾** ***Iris tectorum*** Maxim. 叶片无明显中脉。花大，蓝紫色，外花被裂片有紫褐色花斑④。

guòlùjīng

过路惊

Bredia quadrangularis Cogn.

科属：野牡丹科，野海棠属。
生境：山谷、山坡林下，溪边或路旁。
花期：7~8 月。

小灌木。幼枝、花序分枝、花序梗、花梗、花萼均密被微柔毛及腺毛。叶卵形或椭圆形。聚伞花序，腋生于枝条顶端，有花 3~9 朵或略多。花瓣 4 枚，玫瑰色或紫色，长圆形，稍偏斜，先端渐尖；雄蕊 8 枚，4 长 4 短。蒴果杯形，四棱，顶端平截，露出宿存萼外；宿存萼浅杯形，四棱，顶端冠以浅波状宿存萼片。①②③

相近种　**地菍** *Melastoma dodecandrum* Lour. 匍匐或披散灌木。花瓣 5 枚，淡紫红色或紫红色，菱状倒卵形④。

jīnjǐnxiāng

金锦香

Osbeckia chinensis L.

科属：野牡丹科，金锦香属。

生境：荒山草坡、路旁、田边或疏林。

花期：7~9 月。

直立草本或亚灌木。叶线形或线状披针形，全缘。头状花序顶生，有 2~10 朵花，基部具叶状总苞 2~6 枚，苞片卵形。花 4 数；萼管常带红色，裂片 4 枚，三角状披针形；花瓣 4 枚，淡紫红色或粉红色，倒卵形；雄蕊常偏向一侧。蒴果卵状圆形，紫红色，宿存花萼坛状。①②

相近种　**楮头红** ***Sarcopyramis napalensis*** Wall. 聚伞花序 1~3 朵花，花瓣粉红色，倒卵形③。**星毛金锦香** ***Osbeckia stellata*** Buch.-Ham. ex Ker Gawl. 稀疏的聚伞花序组成圆锥花序，顶生，花大，花瓣深红色或紫色，卵形④。

yuánhuā

芫花

Daphne genkwa Siebold & Zucc.

科属：瑞香科，瑞香属。
生境：山区。
花期：3~5月。

落叶灌木。叶对生，卵形至椭圆形。花3~7朵簇生叶腋，淡紫红色或紫色，先叶开花，花梗短。花萼裂片4枚，卵形或长圆形，先端圆，外面疏被柔毛；雄蕊8枚，2轮；分别着生于萼筒中部和上部，花盘环状，不发达。果肉质，白色，椭圆形。①②

相近种　**光叶荛花** ***Wikstroemia glabra*** W. C. Cheng 花白色，通常花2~7朵组成顶生的头状花序，花萼裂片4枚，宽卵形③。**北江荛花** ***Wikstroemia monnula*** Hance 总状花序缩短，成伞形状；花萼裂片4枚，卵形，萼筒白色，顶端淡紫色④。

chuísīwèimáo

垂丝卫矛

Euonymus oxyphyllus Miq.

科属：卫矛科，卫矛属。

生境：低山坡地杂木林内。

花期：4~6月。

落叶灌木。叶对生，卵圆形或椭圆形。聚伞花序宽疏；花序梗细长，顶端有3~5条分枝，每条分枝具1个聚伞花序。花5数；花瓣近圆形，白色略带紫色；花盘圆形，5浅裂，淡绿色。蒴果近圆形，无翅，仅果皮背缝处常有突起棱线，成熟时暗红色，开裂。①②③

相近种　白杜 ***Euonymus maackii*** Rupr. 聚伞花序；花4数，淡白绿色或黄绿色。花瓣长圆状倒卵形④。

máogènyèbàochūn

毛茛叶报春

Primula cicutariifolia Pax

科属：报春花科，报春花属。

生境：山谷林下阴湿处和潮湿岩石上。

花期：3~4 月。

易危种。多年生柔弱草本。全株无毛。叶丛生；叶椭圆形或长圆形，羽状全裂，羽片 1~6 对，椭圆形或长圆形，每边具 2~4 枚粗齿或缺刻。花葶细弱；伞形花序花 1~4 朵。花萼钟状，分裂达中部以下，裂片披针形；花冠淡红色或淡蓝紫色，裂片楔状长圆形，先端近平截或微凹缺。蒴果近圆形。①②③

相近种　**安徽羽叶报春** ***Primula merrilliana*** Schltr. 伞形花序 1~3 轮，每轮 3~8 朵花。花冠 5 裂，淡紫色，喉部黄色，裂片长倒卵形，先端凹④。

mǎyínhuā

马银花

Rhododendron ovatum

(Lindl.) Planch. ex Maxim.

科属：杜鹃花科，杜鹃属。

生境：灌丛中。

花期：4~5 月。

常绿灌木。叶革质，卵形或椭圆状卵形，先端急尖或钝，具短尖头，基部圆形，稀宽楔形；叶柄具狭翅。花单生枝顶叶腋；具花梗；花萼 5 深裂，裂片卵形或长卵形；花冠淡紫色、紫色或粉红色，辐状，5 深裂，裂片长圆状倒卵形或阔倒卵形，内面具粉红色斑点；雄蕊 5 枚，不等长，稍比花冠短，花丝扁平；子房卵圆形，花柱伸出于花冠外。蒴果阔卵圆形，为增大而宿存的花萼所包围。①②③④

yěgū

马口含珠，鸭脚板 **野菰**

Aeginetia indica L.

科属：列当科，野菰属。
生境：土层深厚、湿润及多枯叶处。
花期：4~8月。

一年生寄生草本。根稍肉质。叶肉红色，卵状披针形或披针形。花常单生茎端，稍俯垂。花梗粗，常直立，常具紫红色条纹。花萼先端骤尖或渐尖，紫红色、黄色或黄白色，具紫红色条纹；花冠筒状钟形，带黏液，常与花萼同色，不明显二唇形，全缘，筒部宽，稍弯曲，顶端 5 浅裂，裂片近全缘；雄蕊 4 枚，内藏。①②③

相近种　**中国野菰** ***Aeginetia sinensis*** Beck 花萼先端钝尖。花冠红紫色，顶端 5 浅裂，上唇 2 裂，下唇 3 裂，下唇稍长于上唇，裂片近圆形，具细圆齿④。

xiǎohuāyuānwěi

小花鸢尾 亮紫鸢尾，八棱麻

Iris speculatrix Hance

科属：鸢尾科，鸢尾属。

生境：山地、路旁、林缘或疏林下。

花期：5月。

多年生草本。叶略弯曲，暗绿色，有光泽，剑形或条形，顶端渐尖，基部鞘状。花茎光滑，有1~2枚茎生叶；苞片2~3枚，草质，绿色，狭披针形，顶端长渐尖，内包含有花1~2朵；花蓝紫色或淡蓝色；花被管短而粗，外花被裂片匙形，有深紫色的环形斑纹，中脉上有鲜黄色的鸡冠状附属物，附属物表面平坦，似毡绒状，内花被裂片狭倒披针形，直立；花药白色；花柱分枝扁平，与花被裂片同色，顶端裂片细长，狭三角形。蒴果椭圆形。①②③④

yóudiǎncǎo

油点草

Tricyrtis macropoda Miq.

科属：百合科，油点草属。
生境：山地林下、草丛中或岩石缝隙中。
花期：6~10 月。

多年生草本。茎有糙毛。叶卵状椭圆形至矩圆状披针形，先端渐尖，两面疏生短糙伏毛，基部心形抱茎或无柄，边缘具短糙毛。二歧聚伞花序顶生或生于上部叶腋，花序轴有糙毛或腺毛；花疏散；花被片绿白色或白色，内面具多数紫红色斑点，卵状椭圆形至披针形，开放后自中下部向下反折；外轮 3 枚较内轮为宽，在基部向下延伸而呈囊状；雄蕊约等长于花被片，花丝中上部向外弯垂，具紫色斑点；柱头稍微高出雄蕊或有时近等高，3 裂；每裂片上端又二深裂。①②③④

niúbàng

牛蒡 大力子，恶实

Arctium lappa L.

科属：菊科，牛蒡属。

生境：山地、林下、河边潮湿地等处。

花期：6~9月。

二年生草本。基生叶宽卵形，基部心形；茎生叶与基生叶近同形。头状花序排成伞房或圆锥状伞房花序，花序梗粗；总苞卵形或卵圆形，总苞片多层，绿色，近等长，先端有软骨质钩刺。小花紫红色，花冠外面无腺点。瘦果倒长卵圆形或偏斜倒长卵圆形，浅褐色，有深褐色斑或无色斑；冠毛多层，浅褐色，冠毛刚毛糙毛状，不等长。①②③

相近种　**华漏芦** ***Rhaponticum chinense*** (S. Moore) L. Martins & Hidalgo 头状花序单生茎枝顶端；总苞碗状。小花花冠紫红色④。

jiùhuāngyěwāndòu

草藤，大巢菜，野毛豆 **救荒野豌豆**

Vicia sativa L.

科属：豆科，野豌豆属。

生境：荒山、田边草丛及林中。

花期：4~7 月。

一年生或二年生草本。茎斜升或攀缘，单一或多分枝，具棱，被微柔毛。偶数羽状复叶，卷须有 2~3 分支；托叶戟形，通常有 2~4 枚裂齿，小叶 2~7 对，长椭圆形或近心形。花 1~4 朵，腋生，近无梗；花冠紫红色或红色，旗瓣长倒卵圆形，先端圆，微凹，中部两侧缢缩，翼瓣短于旗瓣，龙骨瓣短于翼瓣。荚果线状长圆形，成熟后呈黄色。①②③

相近种　**广布野豌豆** ***Vicia cracca*** L. 总状花序与叶轴近等长。花 10~40 朵密集；花冠紫色、蓝紫色或紫红色④。

báijiēgǔ

白接骨 尼氏拟马偕花

Asystasia neesiana (Wall.) Nees

科属：爵床科，十万错属。

生境：林下或溪边。

花期：7~9 月。

草本。具白色，富黏液，竹节形根状茎；茎略呈四棱形。叶卵形至椭圆状矩圆形，顶端尖至渐尖，边缘微波状至具浅齿，基部下延成柄，叶片纸质。总状花序或基部有分枝，顶生；花单生或对生；苞片 2 枚，微小；花萼裂片 5 枚；花冠淡紫红色，漏斗状，花冠筒细长，裂片 5 枚，略不等；雄蕊二强，着生于花冠喉部，2 药室等高。蒴果上部具 4 粒种子，下部实心细长似柄。①②③④

chángbànmǎlíngjùtái

长瓣马铃苣苔

Oreocharis auricula

(S. Moore) C. B. Clarke

科属：苦苣苔科，马铃苣苔属。

生境：山坡、山谷、林下阴湿岩石上。

花期：5~9月。

草本。叶莲座状基生。叶片长圆状椭圆形、椭圆形或宽椭圆形，边缘具浅齿至近全缘。聚伞花序2~3次分枝，2~6条，每个花序具花4~6朵；花萼5裂至近基部，花冠细筒状，紫色、紫红色，喉部缢缩，近基部稍膨大；檐部二唇形，上唇2裂至中部，下唇3裂。雄蕊分生，内藏。蒴果线状长圆形。①②③

相近种　大花石上莲 ***Oreocharis maximowiczii*** C. B. Clarke 花冠钟状粗筒形，淡紫色，喉部不缢缩，檐部稍二唇形④。

chūruǐsìlúnxiāng

出蕊四轮香 出蕊汉史草

Hanceola exserta Y. Z. Sun

科属：唇形科，四轮香属。

生境：草坡阴地及亚热带常绿林下。

花期：9~10 月。

近危种。多年生草本。茎平卧上升，多分枝。叶卵形或披针形，具锯齿。总状花序顶生，疏花；花冠紫蓝色，漏斗状管形，上唇 2 裂，下唇 3 裂，平展，裂片椭圆形；雄蕊伸出。①②③

相近种　长管香茶菜 ***Isodon longitubus*** (Miq.) Kudo 花冠紫色，冠筒长，平伸但中部略弯曲，冠檐二唇形，上唇外反，先端 4 圆裂，下唇宽卵形，内凹而全缘④。

huánliàngcǎo

还亮草

车子野芫荽，鱼灯苏

Delphinium anthriscifolium Hance

科属：毛茛科，翠雀属。

生境：丘陵或低山的山坡草丛或溪边草地。

花期：3~5 月。

一年生或二年生草本。茎等距生叶，分枝。叶为二至三回近羽状复叶，有较长柄或短柄，近基部叶花期常枯萎；叶片菱状卵形或三角状卵形，羽片 2~4 对，对生，下部羽片有细柄，狭卵形，长渐尖，深裂，末回裂片狭卵形或披针形。总状花序有花 2~15 朵；基部苞片叶状，其他苞片小；具花梗；萼片堇色或紫色，椭圆形至长圆形，距钻形或圆锥状钻形，稍向上弯曲或近直；花瓣紫色，上部变宽；退化雄蕊与萼片同色，瓣片斧形，二深裂近基部；心皮 3 枚。①②③④

huóxuèdān

活血丹 大金钱草，钻地风

Glechoma longituba (Nakai) Kuprian.

科属：唇形科，活血丹属。

生境：林地、草地、溪边等阴湿处。

花期：4~5 月。

多年生草本。具匍匐茎，上升，逐节生根。叶心形或近肾形，边缘具粗圆齿或粗齿状圆齿，下面带淡紫色。轮伞花序具 2~6 朵花；苞片及小苞片线形。花萼管形，被长柔毛，萼齿卵状三角形，先端芒状，上唇 3 齿较长；花冠蓝色或紫色，下唇具深色斑点，冠筒管状钟形，上唇 2 裂，裂片近肾形，下唇中裂片肾形，侧裂片长圆形。①②③

相近种　假活血草 ***Scutellaria tuberifera*** C. Y. Wu & C. Chen 花单生叶腋。花冠淡紫色或蓝紫色，上唇长圆形，下唇中裂片梯形，侧裂片长圆卵形，与上唇片贴生④。

kǔjùtái

苦苣苔

Conandron ramondioides

Siebold & Zucc.

科属：苦苣苔科，苦苣苔属。

生境：山谷、山坡林中石壁上阴湿处。

花期：8月。

多年生草本。叶 1~3 枚，椭圆形或椭圆状卵形，基部以下有两侧下延的翅，边缘有小齿，两面无毛，稀下面沿脉有疏柔毛，侧脉每边 8~11 条。聚伞花序腋生，2~3 回分枝，有花 6~23 朵；花 5 基数，辐射对称；花萼宽钟形，5 裂达基部，裂片窄披针形或披针状线形；花冠紫色，辐状，檐部 5 深裂，裂片三角状窄卵形；雄蕊 5 枚。蒴果窄卵圆形或长椭圆形。①②③④

rúyìcǎo

如意草 弧茎堇菜

Viola arcuata Blume

科属：堇菜科，堇菜属。

生境：溪谷潮湿地、沼泽地、灌丛林缘。

花期：3~6 月。

多年生草本。地上茎通常数条丛生；匍匐枝蔓生。基生叶叶片深绿色，三角状心形或卵状心形，先端急尖，基部通常宽心形；茎生叶及匍匐枝上的叶片与基生叶相似，叶柄较短。花淡紫色或白色，萼片卵状披针形，花瓣狭倒卵形，侧方花瓣具暗紫色条纹，下方花瓣较短，有明显的暗紫色条纹，基部具长约 2 毫米的短距。①②③

相近种　**庐山堇菜** ***Viola stewardiana*** W. Becker 叶片卵状菱形至披针状菱形。花淡紫色；花瓣先端微缺，上瓣匙形，侧瓣长圆形，下瓣倒卵形④。

zhèwǎncūtǒngjùtái

岩青菜 **浙皖粗筒苣苔**

Briggsia chienii Chun

科属：苦苣苔科，粗筒苣苔属。

生境：潮湿岩石上及草丛中。

花期：9月。

多年生草本。叶椭圆状长圆形或窄椭圆形，边缘有锯齿；聚伞花序1~3条，每花序具花1~5朵；花序梗疏生锈色绵毛；花冠紫红色，内面具紫色斑点，上唇2深裂，裂片圆形，下唇3裂至中部，裂片长圆形；蒴果倒披针形，顶端具短尖。①②③

相近种　**闽赣长蒴苣苔** ***Didymocarpus heucherifolius*** Hand.-Mazz. 聚伞花序1~2回分歧，每花序有花3~8朵；花冠粉红色，二唇形，下唇具紫白相间条纹④。

dàhuāwúzhùlán

大花无柱兰

Amitostigma pinguicula

(Rchb. f. & S. Moore) Schltr.

科属：兰科，无柱兰属。

生境：山坡林下覆土岩石或阴湿草地上。

花期：4~5 月。

极危种。草本。茎直立，近基部具 1 枚叶，其上具 1~2 枚小叶。叶线状倒披针形、舌状长圆形、窄椭圆形或长圆状卵形。花葶纤细，直立，顶生花 1~2 朵，通常 1 朵，玫瑰红色或紫红色；花瓣斜卵形，直立，唇瓣前伸，扇形，中下部有深紫色斑，上部 3 裂，基部楔形，具爪，有距；距圆锥形，下垂，稍弯曲，末端尖。①②③④

shànmàisháolán

扇脉杓兰

Cypripedium japonicum Thunb.

科属：兰科，杓兰属。
生境：山区湿润和腐殖质丰富处。
花期：4~5 月。

地生草本。茎直立，被褐色长柔毛。叶常2枚，近对生，生于植株近中部。叶扇形，上部边缘钝波状，基部近楔形，具扇形辐射状脉直达边缘，两面近基部均被长柔毛。花序具花1朵，顶生。花俯垂；萼片和花瓣淡黄绿色，基部多少有紫色斑点，唇瓣淡黄绿色或淡紫白色，多少有紫红色斑纹；中萼片窄椭圆形或窄椭圆状披针形；花瓣斜披针形，唇瓣下垂，囊状，位于前方，周围有凹槽呈波状缺齿。①②③④

táiwāndúsuànlán

台湾独蒜兰

Pleione formosana Hayata

科属：兰科，独蒜兰属。

生境：林地腐殖质丰富的土壤和岩石上。

花期：3~4 月。

①

②

③

④

易危种。附生草本。假鳞茎卵圆形，顶端具叶 1 枚。花期叶幼嫩。叶椭圆形或倒披针形。花葶生于假鳞茎基部，顶常具花 1 朵，偶见 2 朵。花大，淡紫红色或粉红色，唇瓣色泽常略浅于花瓣，上面具有黄色、红色或褐色斑，花瓣与萼片近同形，线状倒披针形，唇瓣宽卵状椭圆形或近圆形，围成喇叭状，先端微缺，有短流苏状细裂。蒴果纺锤状。①②③

相近种　朱兰 ***Pogonia japonica*** Rchb. f. 根状茎。叶平坦，无褶扇状脉。花小，单朵顶生，向上斜展，常紫红色或淡紫红色④。

diàoshíjùtái

吊石苣苔

Lysionotus pauciflorus Maxim.

科属：苦苣苔科，吊石苣苔属。
生境：山地林中、阴处石崖上或树上。
花期：7~10 月。

小灌木。叶 3 枚轮生，有时对生或 4 枚轮生，革质，形状变化大，边缘在中部以上具齿或近全缘。花序有花 1~2 朵，多至 5 朵，花萼裂片窄三角形；花冠白色带淡紫色条纹或淡紫色，筒细漏斗状，裂片上 2 枚下 3 枚，上唇显著短于下唇；具 3 枚退化雄蕊。蒴果线形。①②③

相近种　**半蒴苣苔** ***Hemiboea subcapitata*** C. B. Clarke 叶对生，叶片椭圆形、卵状披针形或倒卵状披针形，基部楔形或下延，常不相等④。

máoyàohuā

毛药花 垂花铃子香

Bostrychanthera deflexa Benth.

科属：唇形科，毛药花属。

生境：密林下湿润处。

花期：7~9 月。

直立草本。茎坚硬，四棱形，具深槽。叶几无柄，长披针形，先端渐尖或尾状渐尖，基部渐狭或骤然收缩，通常干后变黑，纸质，边缘具齿。聚伞花序具花 7~11 朵；总花梗花后下倾；苞片及小苞片极小，线形；花干后通常变黑，具梗。萼齿 5 枚，短小，后面的 1 枚齿较小。花冠淡紫红色，直伸，冠筒基部在中部以上扩展，冠檐近二唇形，上唇短，先端圆形，下唇 3 裂，中裂片较大，宽卵圆形，侧裂片较小。雄蕊 4 枚，前对较长，内藏。①②③④

nándānshēn

木羊乳，七里麻 **南丹参**

***Salvia bowleyana* Dunn**

科属：唇形科，鼠尾草属。

生境：山地、山谷、路旁、林下或水边。

花期：3~7月。

多年生草本。茎粗壮。一回羽状复叶；小叶5~7枚，顶生小叶卵状披针形，具圆齿状锯齿或锯齿。轮伞花序组成总状或圆锥花序；花冠淡紫色或紫红色，偶黄白色，内具斜向毛环，上唇稍镰形，下唇长圆形，中裂片倒心形，侧裂片卵形。小坚果褐色，椭圆形。①②③

相近种　**舌瓣鼠尾草** ***Salvia liguliloba* Sun** 花冠淡紫色或白色，冠檐二唇形，上唇长圆形，下唇轮廓三角形，3裂，中裂片较小，舌状，长椭圆形④。

tiānmùdìhuáng

天目地黄

Rehmannia chingii H. L. Li

科属：玄参科，地黄属。

生境：山坡、路旁草丛中。

花期：4~5 月。

易危种。多年生草本。茎单出或基部分枝。基生叶莲座状，叶片椭圆形，边缘具不规则圆齿或粗锯齿；茎生叶向上逐渐缩小。花单生，花冠紫红色，先端 5 裂，上唇裂片长卵形，下唇裂片长椭圆形，喉部具深紫色斑点。蒴果卵形。①②③

相近种　**地黄** ***Rehmannia glutinosa*** (Gaertn.) Libosch. ex Fisch. & C.A. Mey. 花序在茎顶部略排成总状花序，或全部单生叶腋。花梗密被长柔毛和白色长毛，花冠筒多少弓曲，外面紫红色，内面黄紫色④。

tōngquáncǎo

通泉草

Mazus pumilus (Burm. f.) Steenis

科属：玄参科，通泉草属。
生境：湿润的草坡、沟边、路旁及林缘。
花期：4~10 月。

一年生草本。茎直立，上升或倾卧状上升。基生叶有时成莲座状或早落，倒卵状匙形至卵状倒披针形，茎生叶对生或互生，少数，与基生叶相似或几乎等大。总状花序生于茎、枝顶端，常在近基部即生花，伸长或上部成束状，花稀疏；花冠白色、紫色或蓝色，上唇裂片卵状三角形，下唇中裂片较小，稍突出，倒卵圆形。蒴果圆形。①②③

相近种　**早落通泉草** ***Mazus caducifer*** Hance 总状花序顶生；花冠淡蓝紫色，较萼长 2 倍，上唇裂片尖，下唇中裂片突出，较侧裂片小④。

hánxìncǎo

韩信草 大力草，红叶犁头尖

Scutellaria indica L.

科属：唇形科，黄芩属。

生境：山地或丘陵地。

花期：2~6月。

多年生草本。茎深紫色。叶心状卵形或椭圆形，先端钝或圆，基部圆形或心形，具圆齿。总状花序，苞片卵形或椭圆形，具圆齿；花萼被长硬毛及微柔毛；花冠蓝紫色，冠筒基部膝曲，下唇中裂片圆卵形，具深紫色斑点，侧裂片卵形。小坚果暗褐色，卵圆形，被瘤点，腹面近基部具脐状突起。①②③

相近种 **半枝莲** ***Scutellaria barbata*** D. Don 总状花序不分明，顶生；花冠紫蓝色，上唇半圆形，下唇中裂片梯形，侧裂片三角状卵形④。

shānluóhuā

山罗花

Melampyrum roseum Maxim.

科属：玄参科，山罗花属。
生境：山坡灌丛及高草丛中。
花期：夏秋。

直立草本。茎通常多分枝，近四棱形。叶披针形或卵状披针形。苞叶先端急尖或长渐尖。花冠紫色、紫红色或红色，花冠筒长约檐部的 2 倍，上唇风帽状，2 齿裂，裂片反卷，下唇 3 齿裂。①②

相近种　**松蒿** ***Phtheirospermum japonicum*** (Thunb.) Kanitz 叶片羽状裂。花冠紫红色至淡紫红色，上唇裂片三角状卵形，下唇裂片先端圆钝③。**沙氏鹿茸草** ***Monochasma savatieri*** Franch. ex Maxim. 总状花序顶生，花冠淡紫色或近白色，长为萼 2 倍，二唇形，上唇略盔状，下唇有黄斑④。

shuǐsū

水苏 血见愁，银脚鹭鸶

Stachys japonica Miq.

科属：唇形科，水苏属。

生境：水沟、河岸等湿地上。

花期：5~7 月。

多年生草本。茎不分枝。叶长圆状宽披针形，基部圆形或微心形，具圆齿状锯齿。轮伞花序具花 6~8 朵，轮伞花序间茎节缩短而形成顶生穗状花序；花冠粉红色或淡红紫色，冠筒稍内藏，无毛，近基部前方囊状，上唇倒卵形，下唇 3 裂，中裂片近圆形，先端微缺，侧裂片卵形；小坚果褐色，卵圆形。①②③④

xiàkūcǎo

金疮小草，铁线夏枯 **夏枯草**

Prunella vulgaris L.

科属：唇形科，夏枯草属。

生境：荒坡、草地、溪边及路旁等湿润处。

花期：4~6 月。

多年生草本。茎基部多分枝，紫红色。叶卵状长圆形或卵形，先端钝，基部圆、平截或宽楔形下延，具浅波状齿或近全缘。穗状花序，苞叶近卵形；苞片淡紫色，宽心形，花萼钟形；花冠紫色、红紫色或白色，上唇近圆形，稍盔状，下唇中裂片近心形，具流苏状小裂片；前对雄蕊长。小坚果长圆状卵圆形。①②③④

yánhúsuǒ

延胡索 元胡

Corydalis yanhusuo (Y. H. Chou & Chun C. Hsu) W. T. Wang ex Z. Y. Su & C. Y. Wu

科属：罂粟科，紫堇属。
生境：丘陵草地。
花期：4~6 月。

易危种。多年生草本。块茎圆球形。茎直立，常分枝。叶二回三出或近三回三出，小叶 3 裂，裂片披针形，全缘。总状花序顶生具花 5~15 朵；苞片披针形或窄卵圆形，全缘；花冠紫红色，外花瓣宽，具齿，先端微凹，具短尖，上花瓣瓣片与距常上弯，距圆筒形，下花瓣具短爪。蒴果线形。①②

相近种　**夏天无** ***Corydalis decumbens*** (Thunb.) Pers. 花冠近白色、淡粉红色或淡蓝色，外花瓣先端凹缺，具窄鸡冠状突起③。**土元胡** ***Corydalis humosa*** Migo 花白色，上花瓣瓣片宽展，顶端微凹④。

zǐjǐn

紫堇

断肠草，蝎子花

Corydalis edulis Maxim.

科属：罂粟科，紫堇属。

生境：丘陵、沟边或多石地。

花期：4~7 月。

一年生灰绿色草本。花枝常与叶对生。叶片一至二回羽状全裂，一回具短柄，二回近无柄，倒卵圆形，羽状分裂。总状花序具花 3~10 朵，花萼近圆形，具齿，花冠粉红色或紫红色至近白色，外花瓣较宽，先端微凹，上花瓣距圆筒形，下花瓣近基部渐窄，内花瓣具鸡冠状突起，爪稍长于瓣片。蒴果线形，下垂。①②③

相近种　**刻叶紫堇** ***Corydalis incisa*** (Thunb.) Pers. 总状花序。花紫红色至紫色，平展。外花瓣顶端圆钝，顶端稍后具陡峭的鸡冠状突起。内花瓣顶端深紫色④。

zuìyúcǎo

醉鱼草 阳包树，雉尾花

Buddleja lindleyana Fortune

科属：马钱科，醉鱼草属。

生境：山地路旁、河边灌木丛中或林缘。

花期：4~10 月。

直立灌木。叶对生，膜质，卵形、椭圆形或长圆状披针形，全缘或具波状齿。穗状聚伞花序顶生；花紫色；花冠筒细长管状，微弯曲，顶端 4 裂；雄蕊着生花冠筒基部。蒴果长圆形或椭圆形。①②

相近种 **白背枫** ***Buddleja asiatica*** Lour. 花小，白色；花冠筒圆筒状，直伸③。**密蒙花** ***Buddleja officinalis*** Maxim. 花密集成圆锥状聚伞花序，花冠白色或淡紫色，喉部橘黄色④。

chángchūnyóumáténg

常春油麻藤

Mucuna sempervirens Hemsl.

科属：豆科，黧豆属。

生境：亚热带森林，灌木丛，溪谷，河边。

花期：4~5 月。

常绿木质藤本。羽状复叶具小叶 3 枚；叶柄无毛；顶生小叶椭圆形、长圆形或卵状椭圆形，先端渐尖，基部近楔形，两面无毛，侧生小叶极偏斜；小叶柄膨大。总状花序生于老茎上，每节具花 3 朵，有臭味。花萼杯状，萼筒外面密被褐色短伏毛和稀疏长硬毛，内面被绢质绒毛；花冠深紫色，旗瓣圆形，先端深凹。荚果带形，木质，边缘加厚为一圆形的脊，无翅，被红褐色短伏毛和长刚毛，种子间缢缩。①②③④

xiáyèxiānggǎngyuǎnzhì

狭叶香港远志

***Polygala hongkongensis* var. *stenophylla* Migo**

科属：远志科，远志属。

生境：沟谷林下、林缘或山坡草地。

花期：3~4 月。

多年生草本。叶狭披针形，小，全缘。总状花序顶生，疏松排列；萼片 5 枚，宿存，外面 3 枚舟形或椭圆形，内凹，内萼片花瓣状，椭圆形；花瓣 3 枚，淡紫色，侧瓣深波状，2/5 以下与龙骨瓣合生，先端圆形，龙骨瓣盔状，顶端具广泛流苏状鸡冠状附属物；雄蕊 8 枚，花丝 4/5 以下合生成鞘。蒴果近圆形，有阔翅。①②③

相近种　**瓜子金** ***Polygala japonica*** Houtt. 总状花序与叶对生，或腋外生，最上花序低于茎顶。花瓣白色或紫色，侧瓣长圆形，龙骨瓣舟状，具流苏状附属物④。

紫藤

Wisteria sinensis (Sims) Sweet

科属：豆科，紫藤属。
生境：山地森林。
花期：4~5 月。

大型藤本。茎粗壮，左旋；嫩枝黄褐色。羽状复叶，纸质，卵状椭圆形或卵状披针形，先端小叶较大，先端渐尖或尾尖，基部钝圆或楔形，或歪斜，小托叶刺毛状。总状花序生于去年短枝的叶腋或顶芽，先叶开花。花冠紫色，旗瓣反折，基部有 2 枚柱状胼胝体；子房密被茸毛。荚果线状倒披针形，成熟后不脱落。①②③

相近种　**香花鸡血藤** ***Callerya dielsiana*** (Harms) P. K. Loc ex Z. Wei & Pedley 圆锥花序顶生，宽大，分枝伸展，盛花时成扇状开展并下垂；花冠紫红色④。

bǎogàicǎo

宝盖草 接骨草，珍珠莲

Lamium amplexicaule L.

科属：唇形科，野芝麻属。

生境：路旁、林缘、沼泽草地。

花期：3~5 月。

一年生或二年生草本。茎基部多分枝，近无毛。叶圆形或肾形，先端圆，基部平截或平截宽楔形，半抱茎，具深圆齿或近掌状分裂，两面疏被糙伏毛。轮伞花序具花 6~10 朵；花冠紫红色或粉红色，上唇长圆形，下唇稍长，中裂片倒心形，具 2 小裂片。小坚果淡灰黄色，倒卵圆形，具三棱，被白色小瘤。①②③④

huádōngtángsōngcǎo

华东唐松草

Thalictrum fortunei S. Moore

科属：毛茛科，唐松草属。

生境：丘陵或山地林下或较阴湿处。

花期：3~5 月。

近危种。多年生草本。二至三回三出复叶；小叶片近圆形或圆菱形，不明显 3 浅裂。花序近伞房状，花稀疏。萼片 4 枚，白色或淡堇色，倒卵形，花丝上部倒披针形，下部丝状。瘦果圆柱状长圆形。①②③

相近种　**大叶唐松草** ***Thalictrum faberi*** Ulbr. 花序圆锥状，多花。萼片白色，早落，宽椭圆形；花丝线状倒披针形，下部丝状④。

liǎozicǎo

蓼子草

Polygonum criopolitanum Hance

科属：蓼科，蓼属。

生境：河滩沙地、沟边湿地。

花期：7~11 月。

一年生细弱草本。茎平卧，丛生。叶狭披针形。头状花序单独顶生，多花，大；花小，花被 5 深裂，淡紫色；雄蕊 5 枚，花药紫色。瘦果扁平，双凸。①②

相近种　**刺蓼** ***Polygonum senticosum*** (Meisn.) Franch. & Sav. 头状花序，总花梗倒生小钩刺；花被 5 深裂，粉红色；雄蕊 8 枚③。**头花蓼** ***Polygonum capitatum*** Buch.-Ham. ex D. Don 头状花序单生或成对，顶生。花梗极短；花被 5 深裂，淡红色，花被片椭圆形④。

fùdìcài

地胡椒 附地菜

Trigonotis peduncularis
(Trevis.) Benth. ex Baker & S. Moore

科属：紫草科，附地菜属。
生境：平原、丘陵草地、林缘。
花期：4~7 月。

二年生草本。茎常多条，直立或斜升，下部分枝。基生叶卵状椭圆形或匙形，先端钝圆，基部渐窄成叶柄；茎生叶长圆形或椭圆形，具短柄。花序顶生，果期伸长。花萼裂至中下部，裂片卵形，先端尖；花冠淡蓝色或淡紫红色，冠筒极短，裂片倒卵形，开展，喉部附属物白色或带黄色。小坚果斜三棱锥状四面体形。①②③

相近种　皿果草 ***Omphalotrigonotis cupulifera*** (I. M. Johnst.) W. T. Wang 镰状聚伞花序，花萼 5 裂至基部，裂片长圆形；花冠钟状，淡蓝色或淡紫红色④。

huángshānlóngdǎn

黄山龙胆

Gentiana delicata Hance

科属：龙胆科，龙胆属。
生境：山坡、路旁及潮湿处。
花期：5~7 月。

近危种。一年生草本。茎坚硬，直立，紫红色，不分枝或有少数分枝。叶先端钝至渐尖，具短小尖头；基生叶大，宽卵形或椭圆形；茎生叶开展，疏离，短于节间，椭圆形、矩圆形至线状披针形。花多数，单生于小枝顶端；花梗紫红色；花冠内面淡蓝色，外面黄绿色，漏斗形，裂片卵形，先端钝，宽卵形，边缘有不整齐圆齿；雄蕊着生于冠筒中部，整齐。①②③

相近种　**笔龙胆** ***Gentiana zollingeri*** Fawc. 花单生枝顶，花枝密集呈伞房状。花冠淡蓝色，具黄绿色宽条纹，漏斗形，裂片卵形④。

jiégěng

铃当花 **桔梗**

Platycodon grandiflorus (Jacq.) A. DC.

科属：桔梗科，桔梗属。

生境：阳处草丛、灌丛中，少生于林下。

花期：7~9 月。

多年生草本。茎直立，不分枝。叶轮生、部分轮生至全部互生，卵形、卵状椭圆形或披针形。花单朵顶生，或数朵集成假总状花序，或有花序分枝而集成圆锥花序；花冠漏斗状钟形，蓝色或紫色，5 裂；雄蕊 5 枚，离生，花丝基部扩大成片状，且在扩大部分有毛。蒴果球状、球状倒圆锥形或倒卵圆形。①②③

相近种 **轮钟花** *Cyclocodon lancifolius* (Roxb.) Kurz 花通常单朵顶生兼腋生，有时 3 朵组成聚伞花序，花冠白色或淡红色，管状钟形④。

lánhuāshēn

蓝花参 拐棒参，牛奶草

Wahlenbergia marginata (Thunb.) A. DC.

科属：桔梗科，蓝花参属。

生境：田边、路边和荒地中。

花期：2~5 月。

多年生草本。茎自基部多分枝，直立或上升。叶互生，常在茎下部密集，下部叶匙形至椭圆形，上部叶线状披针形或椭圆形。花顶生或腋生，具长花梗，排成圆锥状；花冠钟状，蓝色，5 深裂，分裂达 2/3，裂片倒卵状长圆形。蒴果倒圆锥状或倒卵状圆锥形。①②③

相近种 **袋果草** ***Peracarpa carnosa*** Hook. f. & Thomson 叶三角形至宽卵形。花单朵腋生；花冠钟状，白色或紫蓝色，5 裂至中部或过半，裂片线状椭圆形④。

liúlí fánlǚ

琉璃繁缕

Anagallis arvensis L.

科属：报春花科，琉璃繁缕属。
生境：田野及荒地中。
花期：3~4 月。

一年生或二年生草本。茎匍匐或上升，四棱形，棱边狭翅状，常无明显主茎。叶交互对生或有时 3 枚轮生，卵圆形至狭卵形，全缘，先端钝或稍锐尖，基部近圆形，无柄。花单出腋生；花梗纤细，果时下弯；花萼深裂几达基部，裂片线状披针形，先端长渐尖成钻状，边缘膜质，背面中肋稍隆起；花冠辐状，淡红色或蓝色，分裂近达基部，裂片倒卵形，全缘或顶端具啮蚀状小齿，具腺状小缘毛；雄蕊长约为花冠的一半，花丝基部连合成浅环。蒴果圆形。①②③④

lúnyèshāshēn

轮叶沙参 南沙参，四叶沙参

Adenophora tetraphylla (Thunb.) Fisch.

科属：桔梗科，沙参属。

生境：草地和灌丛中。

花期：7~9 月。

多年生草本。茎不分枝。茎生叶 3~6 枚轮生，卵圆形或线状披针形，边缘有锯齿。花序窄圆锥状，花序分枝呈聚伞状，大多轮生，生数花或单花。萼筒倒圆锥状，裂片钻状，全缘；花冠筒状细钟形，口部稍缢缩，蓝色或蓝紫色，裂片三角形；花盘细管状。蒴果球状圆锥形或卵状圆锥形。①②③

相近种　荠苨 ***Adenophora trachelioides*** Maxim. 花萼筒部倒三角状圆锥形，裂片长椭圆形或披针形；花冠钟状，蓝色、蓝紫色或白色，裂片宽三角状半圆形，顶端急尖④。

qiānniú

喇叭花，勤娘子 **牵牛**

Ipomoea nil (L.) Roth

科属：旋花科，番薯属。

生境：山坡灌丛、路边或为栽培。

花期：8~10 月。

一年生缠绕草本。叶宽卵形或近圆形，3 裂，偶 5 裂，基部圆，心形，中裂片长圆形或卵圆形，渐尖或骤尖，侧裂片较短，三角形。花腋生，单一或通常 2 朵着生于花序梗顶；花冠漏斗状，蓝紫色或紫红色，花冠管色淡；雄蕊及花柱内藏。蒴果近圆形，3 瓣裂。①②③

相近种 **番薯** ***Ipomoea batatas*** (L.) Lam. 聚伞花序腋生；花冠粉红色、白色、淡紫色或紫色，钟状或漏斗状④。

shuānghúdié

双蝴蝶

Tripterospermum chinense
(Migo) Harry Sm.

科属：龙胆科，双蝴蝶属。
生境：山坡林下、林缘、灌木丛或草丛中。
花期：10~12 月。

多年生缠绕草本。基生叶常 2 对，卵形、倒卵形或椭圆形，先端尖或尾状，基部圆；茎生叶卵状披针形，先端渐尖或尾状，基部心形或近圆形。聚伞花序具花 2~4 朵，稀单花，腋生。花梗短；花冠蓝紫色或淡紫色，钟形，5 裂，裂片卵状三角形；褶半圆形，色较淡，乳白色，先端浅波状。蒴果椭圆形。①②③

相近种　五岭龙胆 ***Gentiana davidii*** Franch. 花枝多数。花簇生枝顶呈头状。花冠蓝色，近基部白色，窄漏斗形，裂片边缘微波状④。

zǐmùcǎo

梓木草

Lithospermum zollingeri A. DC.

科属：紫草科，紫草属。

生境：丘陵、低山草坡，或灌丛下。

花期：5~8 月。

多年生匍匐草本。基生叶倒披针形或匙形；茎生叶较小，基部渐窄。具花 1 朵至数朵。花冠蓝色或蓝紫色，裂片宽倒卵形，近等大，全缘，喉部及冠筒具 5 条纵褶；雄蕊生于纵褶之下。小坚果斜卵圆形。①②③

相近种　**盾果草** ***Thyrocarpus sampsonii*** Hance 聚伞花序。花冠淡蓝色或白色，喉部有附属物，线形，肥厚，被乳头突起，先端微缺④。

fèngyǎnlán

凤眼蓝 凤眼莲，水葫芦

Eichhornia crassipes (Mart.) Solms

科属：雨久花科，凤眼蓝属。

生境：水塘、沟渠及稻田中。

花期：7~10 月。

浮水草本。茎极短，具长匍匐枝。叶基生，莲座状排列，5~10 枚，圆形、宽卵形或宽菱形，先端钝圆或微尖，基部宽楔形，全缘，具弧形脉，上面深绿色，光亮，质厚；叶柄中部膨大成囊状或纺锤形，基部有鞘状苞片。穗状花序从叶柄基部的鞘状苞片腋内伸出，常具 9~12 朵花。花被片基部合生成筒，近基部有腺毛，裂片 6 枚，花瓣状，卵形、长圆形或倒卵形，紫蓝色，花冠近两侧对称，上方 1 裂片较大，四周淡紫红色，中间蓝色，蓝色的中央有 1 黄色圆斑。①②③④

húdiéhuā

兰花草，日本鸢尾 **蝴蝶花**

Iris japonica Thunb.

科属：鸢尾科，鸢尾属。

生境：山坡较荫蔽而湿润处。

花期：3~4 月。

多年生草本。叶基生，暗绿色，剑形。花茎有 5~12 条侧枝，顶生总状圆锥花序；苞片 3~5 枚，包 2~4 朵花。花淡蓝色或蓝紫色；外花被裂片卵圆形或椭圆形，有黄色斑纹，有细齿，中脉有黄色鸡冠状附属物，内花被裂片椭圆形；雄蕊花药白色。蒴果椭圆状柱形。①②③

相近种　**白花马蔺** ***Iris lactea*** Pall. 外部花被片浅紫色，或乳白色具紫色脉，中脉上无附属物；内部裂片浅紫色④。

yǔjiǔhuā

雨久花

Monochoria korsakowii Regel & Maack

科属：雨久花科，雨久花属。

生境：池塘、湖沼靠岸的浅水处和稻田中。

花期：7~8 月。

一年生水生草本。根状茎粗壮，下生多数纤维根。叶片广心形或卵状心形，先端渐尖，基部心形，全缘，具弧形脉，基生叶叶柄长，茎生叶叶柄短，基部扩大成宽鞘，抱茎，常呈紫色。圆锥花序或少为总状花序，顶生，长出于叶，具花 7~10 朵或更多；花蓝色，花被片 6 枚；雄蕊 6 枚，花药黄色；子房卵形。蒴果卵形。①②③

相近种　**鸭舌草** ***Monochoria vaginalis*** (Burm. f.) C. Presl ex Kunth 总状花序生枝上端叶腋；花蓝色；花被片卵状披针形或长圆形④。

yāzhícǎo

鸭跖草

Commelina communis L.

科属：鸭跖草科，鸭跖草属。
生境：湿润处。
花期：5~9 月。

一年生披散草本。茎匍匐生根，多分枝。叶披针形或卵状披针形。聚伞花序单生于主茎或分枝的顶端。总苞片佛焰苞状，心状卵形，与叶对生，折叠。萼片白色，狭卵形；花瓣卵形，后方 2 枚较大，深蓝色，前方 1 枚较小，白色。蒴果椭圆形。①②

相近种　**竹叶子** ***Streptolirion volubile*** Edgew. 缠绕草本，叶片心形。花瓣 3 枚，分离，白色，线状匙形③。**饭包草** ***Commelina benghalensis*** L. 全株被柔毛，叶片卵形，具柄。花瓣蓝色，圆形，花小④。

dānhuāyóu

单花莸 莸

Caryopteris nepetifolia (Benth.) Maxim.

科属：马鞭草科，莸属。

生境：阴湿山坡、林边、路旁或水沟边。

花期：5~9 月。

多年生草本。茎有时蔓生，仅基部木质化；茎方形。叶片纸质，宽卵形至近圆形，边缘具 4~6 对钝齿。单花腋生；花冠淡蓝色，喉部通常被柔毛，下唇中裂片较大，全缘；雄蕊 4 枚，与花柱均伸出花冠管外。蒴果 4 瓣裂，果瓣倒卵形，无翅，表面被粗毛，不明显凹凸成网纹，淡黄色。①②③

相近种　兰香草 ***Caryopteris incana*** (Thunb. ex Houtt.) Miq. 伞房状聚伞花序密集；花冠淡蓝色或淡紫色，下唇中裂片边缘流苏状④。

xuánshuòjùtái

牛耳草，石花子 旋蒴苣苔

Boea hygrometrica (Bunge) R. Br.

科属：苦苣苔科，旋蒴苣苔属。

生境：山坡、路旁或岩石上。

花期：7~8 月。

多年生无茎草本。叶基生，莲座状，近圆形、圆卵形或卵形，上面被白色贴伏长柔毛，下面被白色或淡褐色贴伏长绒毛，边缘具牙齿或波状浅齿。聚伞花序伞状，2~5 条，每个花序具花 2~5 朵；花序梗被淡褐色短柔毛和腺状柔毛；花冠淡蓝紫色，上唇 2 裂，下唇 3 裂；退化雄蕊 3 枚。蒴果长圆形。①②③

相近种　**大花旋蒴苣苔** ***Boea clarkeana*** Hemsl. 花较大，花冠蓝色，钟状筒形，二唇形，裂片近相等④。

dānyèmànjīng

单叶蔓荆

Vitex rotundifolia L. f.

科属：马鞭草科，牡荆属。

生境：沙滩、海边及湖畔。

花期：7~9 月。

匍匐灌木。茎匍匐，节处常生不定根。单叶对生，叶片倒卵形或近圆形，顶端通常钝圆或有短尖头，基部楔形，背面密被绒毛，全缘。聚伞圆锥花序顶生。花冠淡紫色到紫蓝色，外面及喉部有毛，花冠管顶端 5 裂，二唇形，下唇中间裂片较大；雄蕊 4 枚，伸出花冠外；子房无毛；花柱无毛，柱头 2 裂。核果近圆形，成熟时黑色；果萼宿存。①②③④

mìhuāháircǎo

密花孩儿草

Rungia densiflora H. S. Lo

科属：爵床科，孩儿草属。

生境：潮湿的沟谷林下。

花期：9~10 月。

草本。叶椭圆状卵形或披针状卵形。穗状花序顶生和腋生，密花；苞片 4 列，全着花，同形，通常匙形或有时倒卵形；花冠天蓝色，二唇形，上唇直立，长三角形，先端 2 短裂，下唇长圆形，顶端 3 裂。蒴果。①②③

相近种　**九头狮子草** ***Peristrophe japonica*** (Thunb.) Bremek. 花冠粉红色或微紫色，二唇形，下唇 3 裂④。

chǎoxiǎnsuìhuā

朝鲜穗花

Pseudolysimachion rotundum
subsp. ***coreanum*** (Nakai) D. Y. Hong

科属：玄参科，穗花属。
生境：山坡草地。
花期：7~8 月。

多年生草本。茎单生，不分枝或上部分枝。叶对生，茎节上有一环连接叶基部，中下部的叶无柄，半抱茎，上部的叶无柄或有短柄，叶片宽大，卵形，基部楔形，顶端急尖至短渐尖，边缘具三角状锯齿。总状花序多单生，少复出，长穗状；花梗短；花冠蓝色或蓝紫色，少白色，筒部短，不足全长 1/3，裂片多少开展，后方一枚卵圆形，其余 3 枚长卵形；花丝伸出花冠。①②③④

shāngěngcài

山梗菜

Lobelia sessilifolia Lamb.

科属：桔梗科，半边莲属。
生境：平原或山坡湿草地。
花期：7~10月。

多年生草本。茎圆柱状，通常不分枝。叶螺旋状排列，在茎的中上部较密集，无柄，厚纸质；叶片宽披针形至条状披针形，边缘有细锯齿。总状花序顶生，苞片叶状，窄披针形，比花短；花萼筒杯状钟形，全缘；花冠蓝紫色，近二唇形，上唇2裂片长匙形，较长于花冠筒，上升，下唇裂片椭圆形，约与花冠筒等长；雄蕊在基部以上连合成筒。①②③

相近种　**江南山梗菜** ***Lobelia davidii*** Franch. 花冠紫红色或红紫色，近二唇形，上唇裂片线形，下唇裂片长椭圆形或披针状椭圆形④。

táiwānpāotóng

台湾泡桐 黄毛泡桐，水桐木

Paulownia kawakamii T. Ito

科属：玄参科，泡桐属。

生境：山坡灌丛、疏林及荒地。

花期：4~5 月。

小乔木。树冠伞形，主干矮。叶心形，先端锐尖，全缘或 3~5 裂或有角，两面有黏毛。花序为宽大圆锥形；小聚伞花序有黄褐色绒毛，常具花 3 朵。花冠近钟形，浅紫色或蓝紫色，长 3~5 厘米，管基部细缩，向上扩大，檐部二唇形。蒴果卵圆形，顶端有短喙。①②③

相近种　**白花泡桐** ***Paulownia fortunei*** (Seem.) Hemsl. 花冠管状漏斗形，白色，仅背面稍带紫色或浅紫色，管部在基部以上不突然膨大，而逐渐向上扩大，内部密布紫色细斑块④。

wūtóu

乌头

草乌，乌药

Aconitum carmichaelii Debeaux

科属：毛茛科，乌头属。
生境：山地草坡或灌丛中。
花期：9~10 月。

直立草本。叶互生，叶片五角形，基部浅心形，近羽状分裂，二回裂片约 2 对。总状花序顶生；萼片蓝紫色，上萼片高盔形，下缘稍凹，喙不明显。蓇葖果。①②③

相近种 **瓜叶乌头** ***Aconitum hemsleyanum*** E. Pritz. 茎缠绕。总状花序；花梗下垂；萼片深蓝色，上萼片高盔形或圆筒状盔形④。

yángrǔ

羊乳 轮叶党参，羊奶参

Codonopsis lanceolata

(Siebold & Zucc.) Trautv.

科属：桔梗科，党参属。

生境：山地灌丛、林下沟边阴湿处。

花期：7~8 月。

多年生草本。茎缠绕，常有多数短细分枝，黄绿色而微带紫色。叶在主茎上的互生，披针形或菱状窄卵形；通常 2~4 枚叶在小枝顶端簇生，而呈近对生或轮生状，菱状卵形、窄卵形或椭圆形，通常全缘或有疏波状锯齿。花单生或对生于小枝顶端；花冠宽钟状，浅裂，裂片三角状，反卷，黄绿色或乳白色内有紫色斑。蒴果下部半球状，上部有喙。①②③

相近种 **金钱豹** ***Campanumoea javanica*** Blume 花单生叶腋，花冠上位，白色或黄绿色，内面紫色，钟状，裂至中部④。

dàichúnlán

长叶杜鹃兰 带唇兰

Tainia dunnii Rolfe

科属：兰科，带唇兰属。

生境：常绿阔叶林下或山间溪边。

花期：3~4 月。

近危种。地生草本。叶窄长圆形，先端渐尖。总状花序疏生多花；花黄褐色或棕紫色；中萼片窄长圆状披针形，侧萼片窄长圆状镰形；花瓣与萼片等长而较宽，先端锐尖，唇瓣前部 3 裂，侧裂片淡黄带紫黑色斑点，三角形，先端内弯，中裂片黄色，横长圆形，唇盘具 3 条褶片，侧生褶片弧形较高，中间的呈龙骨状。①②③

相近种 **杜鹃兰** ***Cremastra appendiculata*** (D. Don) Makino 花序具花 5~22 朵。花常偏向一侧，多少下垂，不完全开放，窄钟形，淡紫褐色；花瓣倒披针形④。

duōhuālán

多花兰

Cymbidium floribundum Lindl.

科属：兰科，兰属。

生境：树上、溪谷旁透光的岩壁上。

花期：4~8 月。

易危种。附生草本。叶 5~6 枚，带形。花葶近直立或外弯，总状花序具 10~50 朵花。花瓣红褐色，稀绿黄色，唇瓣白色，侧裂片与中裂片有紫红色斑，褶片黄色；花瓣窄椭圆形，唇瓣近卵形，3 裂，中裂片具小乳突。蒴果近长圆形。①②③

相近种 **蕙兰** ***Cymbidium faberi*** Rolfe 花葶稍外弯，花序具花 5~11 朵。花常淡黄绿色，唇瓣有紫红色斑；唇瓣 3 裂，中裂片外弯，有乳突，边缘常皱波状④。

gōujùxiājǐlán

细花根节兰 **钩距虾脊兰**

Calanthe graciliflora Hayata

科属：兰科，虾脊兰属。

生境：山谷溪边、林下等阴湿处。

花期：3~5 月。

地生草本。花期叶未全放，叶片椭圆形或倒卵状椭圆形。花葶远高出叶外，总状花序疏生多花。花开展，萼片和花瓣背面褐色，内面淡黄色；花瓣倒卵状披针形，具短爪，唇瓣白色，3 裂，中裂片先端近平截，稍凹，具短尖；距圆筒形，先端钩状。①②③

相近种 **虾脊兰** ***Calanthe discolor*** Lindl. 总状花序。萼片和花瓣褐紫色；唇瓣白色微带紫色，中裂片先端中央 2 裂，不具短尖；距先端弯曲非钩状④。

wújùxiājǐlán

无距虾脊兰

Calanthe tsoongiana Tang & F. T. Wang

科属：兰科，虾脊兰属。

生境：山坡林下、路边和阴湿岩石上。

花期：4~5 月。

地生草本。花期叶未完全展开，叶倒卵状披针形或长圆形。总状花序疏生多花。花淡紫色，花瓣近匙形，唇瓣与蕊柱翅合生，3 裂，裂片长圆形，近等长，中裂片先端平截凹缺，具细尖；唇盘无褶脊和附属物，无距。①②③

相近种　**反瓣虾脊兰** ***Calanthe reflexa*** Maxim. 总状花序疏生多花。花大，粉红色，萼片和花瓣反折，唇瓣无距④。

xuánshēn

八稜麻，黑参，水萝卜 玄参

Scrophularia ningpoensis Hemsl.

科属：玄参科，玄参属。
生境：竹林、溪旁、丛林及高草丛中。
花期：6~10月。

高大草本。茎四棱形，有浅槽。叶多为卵形，边缘具细锯齿。花序由顶生和腋生的聚伞圆锥花序合成大型圆锥花序，在较小的植株中，仅有顶生聚伞圆锥花序，聚伞花序常二至四回复出；花冠褐紫色，上唇长于下唇，裂片圆形，边缘相互重叠，下唇裂片多少卵形，中裂片稍短。蒴果卵圆形，具短喙。①②③④

gǔlǐnglílú

牯岭藜芦 闽浙藜芦，天目藜芦

Veratrum schindleri O. Loes.

科属：百合科，藜芦属。

生境：山坡林下阴湿处。

花期：6~10月。

多年生草本。叶在茎下部的宽椭圆形或窄长圆形，两面无毛，先端渐尖，基部收窄成柄；圆锥花序长而扩展，具多数近等长的侧生总状花序；花序轴和枝轴被灰白色绵状毛。花被片伸展或反折，淡黄绿色、绿白色或褐色，近椭圆形或倒卵状椭圆形，先端钝，基部无爪，全缘。蒴果直立。①②③

相近种 毛叶藜芦 ***Veratrum grandiflorum*** (Maxim. ex Baker) O. Loes. 圆锥花序塔状。花大，密集，绿白色④。

huāmóyù

鬼芋，蒟蒻，土南星，磨芋 **花魔芋**

Amorphophallus konjac K. Koch

科属：天南星科，魔芋属。
生境：林地、溪谷两旁湿润地或栽培。
花期：4 月。

近危种。多年生草本。叶柄粗壮，黄绿色，有绿褐色或白色斑块；叶片绿色，掌状 3 全裂，每裂片二回羽状分裂或二回二歧分裂。佛焰苞漏斗形，基部席卷，管部苍绿色，杂以暗绿色斑块，边缘紫红色；檐部心状圆形，边缘折波状，外面绿色，内面深紫色。肉穗花序比佛焰苞长 1 倍，雌花序圆柱形，紫色；雄花序紧接。浆果圆形，成熟时黄绿色。①②③

相近种　**东亚魔芋** ***Amorphophallus kiusianus*** (Makino) Makino 佛焰苞檐部外面淡绿色，内面淡红色，两面有白色圆形斑块④。

yībǎsǎnnánxīng

一把伞南星 独角莲，虎掌南星

Arisaema erubescens (Wall.) Schott

科属：天南星科，天南星属。

生境：林下、灌丛、草坡或荒地。

花期：5~7 月。

多年生草本。块茎扁圆形。鳞叶绿白色或粉红色，有紫褐色斑纹。叶放射状分裂，裂片 3~20 枚不等，披针形至椭圆形。佛焰苞绿色，背面有白色或淡紫色条纹，管部圆筒形，檐部通常颜色较深，三角状卵形至长圆状卵形；肉穗花序单性；雄肉穗花序花密，雄花淡绿至暗褐色，雄蕊 2~4 枚，附属器下部光滑；雌花子房卵圆形，柱头无柄。浆果红色。①②③

相近种 **云台南星** ***Arisaema silvestrii*** Pamp. 叶片鸟足状分裂。佛焰苞绿色或淡白绿色，管部漏斗状④。

bǎibù

蔓生百部，婆妇草 **百部**

Stemona japonica (Blume) Miq.

科属：百部科，百部属。

生境：山坡草丛、路旁和林下。

花期：5~7月。

缠绕草本。茎少数分枝，上部攀缘状。叶2~5枚轮生，卵形、卵状披针形或卵状长圆形，边缘波状。花序梗贴生叶片中脉，花单生或数朵组成总状花序；花被片淡绿色，披针形，开花时反卷；雄蕊紫红色，短于花被或近等长。蒴果扁卵形，赤褐色①②

相近种 **青荚叶** ***Helwingia japonica*** (Thunb.) F. Dietr. 灌木。花小，淡绿色，3~5基数，花生于叶面中部③。**黄精叶钩吻** ***Croomia japonica*** Miq. 直立草本。花小，单朵或2~4朵排成总状花序；总花柄丝状，下垂；花被片黄绿色，成“十”字形展开④。

tóngqiánshù

铜钱树 刺凉子，摇钱树

Paliurus hemsleyanus
Rehder ex Schir. & Olabi

科属：鼠李科，马甲子属。
生境：山地林中，庭园中常有栽培。
花期：4~6月。

乔木。叶互生，宽椭圆形、卵状椭圆形或近圆形，边缘具圆锯齿或钝细锯齿。聚伞花序或聚伞圆锥花序，顶生或兼有腋生；花黄绿色，花瓣匙形；雄蕊长于花瓣；花盘五边形，5浅裂；花柱3深裂。核果草帽状，周围具革质宽翅，幼时绿色，成熟后红褐色或紫红色。①②③

相近种 **马甲子** ***Paliurus ramosissimus*** (Lour.) Poir. 聚伞花序腋生，被黄色绒毛。花盘圆形，边缘浅裂，具5枚或10枚齿。核果杯状④。

dàxuèténg

大血藤

Sargentodoxa cuneata

(Oliv.) Rehder & E. H. Wilson

科属：木通科，大血藤属。

生境：常见于山坡灌丛、疏林和林缘等。

花期：3~7 月。

落叶木质藤本。当年枝条暗红色。三出复叶或兼具单叶；叶柄长；小叶革质，顶生小叶近棱状倒卵圆形，先端急尖，基部渐狭成短柄，全缘，侧生小叶斜卵形，干时常变为红褐色，略大，无柄。总状花序，雄花与雌花同序或异序，同序时，雄花生于基部；花梗细长；萼片 6 枚，花瓣状，长圆形，顶端钝；花瓣 6 枚，小，圆形，蜜腺性。浆果近圆形，成熟时黑蓝色。①②③④

zhèbèimǔ

浙贝母

Fritillaria thunbergii Miq.

科属：百合科，贝母属。

生境：山丘阴蔽处或竹林下。

花期：3~4 月。

草本。叶对生、轮生或散生，最下一轮叶对生或互生，披针形或线状披针形，先端稍曲。花 1~6 朵，淡黄色；花被片内面有时具不明显的方格；顶端花其叶状苞片多与下面叶合生，其余花状叶苞片多不与下面叶合生，先端卷曲；花被片长圆状倒卵形，花被片在蜜腺处弯成钝角。蒴果棱上具翅。①②③

相近种　**天目贝母** ***Fritillaria monantha*** Migo 叶片较宽，先端不卷曲。花较大，1~4 朵，淡黄色或淡紫色，花被片内面具黄褐色或紫色方格纹或斑点④。

huáchónglóu

华重楼

Paris polyphylla* var. *chinensis (Franch.) H. Hara

科属：百合科，重楼属。
生境：林下阴处或沟谷边的草丛中。
花期：4~7 月。

易危种。多年生草本。根状茎粗厚。茎通常带紫红色，基部有灰白色干膜质的鞘 1~3 枚。叶 5~8 枚轮生，通常 7 枚，倒卵状披针形至倒披针形，基部通常楔形。外轮花被片绿色，3~6 枚，狭卵状披针形；内轮花被片狭条形，通常中部以上变宽，长为外轮的 1/3 至近等长或稍超过；雄蕊 8~10 枚。蒴果紫色，3~6 瓣裂开。①②③

相近种　北重楼 ***Paris verticillata*** M. Bieb. 内轮花被片稍短或近等于外轮，子房近球形，花柱基不明显，花柱分枝细长④。

mǎdōulíng

马兜铃 定海根，蛇参果

Aristolochia debilis Siebold & Zucc.

科属：马兜铃科，马兜铃属。

生境：山地阴湿处及山坡灌丛中。

花期：7~8 月。

草质藤本。叶卵状三角形、长圆状卵形或戟形，基部心形。花单生或 2 朵并生于叶腋；花被筒基部圆形，与子房连接处具关节，向上骤缢缩成长管，口部漏斗状，黄绿色，具紫斑，檐部一侧延伸成卵状披针形舌片。蒴果近圆形。①②

相近种 **寻骨风** ***Aristolochia mollissima*** Hance 花被筒烟斗状弯曲，檐部盘状，淡黄色，具紫色网纹③。**管花马兜铃** ***Aristolochia tubiflora*** Dunn 花被筒基部球形，向上骤缢缩成直管；口部漏斗状，檐部一侧延伸成卵状长圆形舌片，深紫色④。

héshǒuwū

何首乌

Fallopia multiflora (Thunb.) Haraldson

科属：蓼科，首乌属。
生境：山谷灌丛、山坡林下、沟边石隙。
花期：6~10 月。

多年生草质缠绕草本。叶卵形或长卵形，基部心形或近心形。花序圆锥状，顶生或腋生，分枝开展；花被 5 深裂，白色或淡绿色；雄蕊 8 枚。瘦果卵形，具 3 棱。①②

相近种 **金荞麦** ***Fagopyrum dibotrys*** (D. Don) H. Hara 直立草本。花白色，簇排列成顶生或腋生的总状花序，再组成伞房状③。**虎杖** ***Reynoutria japonica*** Houtt. 直立，半灌木状。圆锥花序，花被白色或淡绿白色④。

hézicǎo

盒子草

Actinostemma tenerum Griff.

科属：葫芦科，盒子草属。

生境：水边草丛中。

花期：7~9 月。

纤细攀缘草本。枝纤细。叶心状戟形、心状窄卵形、宽卵形或披针状三角形，卷须细，二叉。花单性，雌雄同株。雄花序总状或圆锥状；花萼辐状，筒部杯状，裂片线状披针形；花冠辐状，绿白色，裂片披针形。雌花单生、双生或雌雄同序；雌花梗具关节，花萼和花冠同雄花。果卵形、宽卵形或长圆状椭圆形。①②③

相近种　**绞股蓝** ***Gynostemma pentaphyllum*** (Thunb.) Makino 鸟足状复叶。雌雄异株，圆锥花序；雄花花冠淡绿色，5 深裂，裂片卵状披针形；雌花序较小④。

shéguǒhuángjǐn

断肠草，小前胡 **蛇果黄堇**

Corydalis ophiocarpa

Hook. f. & Thomson

科属：罂粟科，紫堇属。

生境：沟谷、林缘。

花期：5~8 月。

丛生灰绿色草本。叶二回或一回羽状全裂。总状花序，多花；苞片线状披针形。花冠淡黄色或苍白色，外花瓣先端色较深，上花瓣距短囊状，下花瓣舟状，内花瓣先端暗紫红色或暗绿色，鸡冠状突起伸出顶端，爪短于瓣片。蒴果线形，蛇形弯曲。①②

相近种 **黄堇** ***Corydalis pallida*** (Thunb.) Pers. 花黄色至淡黄色，较粗大，平展。外花瓣顶端勺状，具短尖，无鸡冠状突起③。**北越紫堇** ***Corydalis balansae*** Prain 总状花序疏生多花；花冠黄色或黄白色，外花瓣勺状，鸡冠状突起仅限于龙骨状突起之上④。

zhōngguójīngjiéhuā

中国旌节花

Stachyurus chinensis Franch.

科属：旌节花科，旌节花属。

生境：山坡、谷地、林中或林缘。

花期：3~4 月。

落叶灌木。小枝粗壮，圆柱形，具淡色椭圆形皮孔。叶于花后发出，互生，纸质至膜质，卵形至长圆状椭圆形，先端渐尖或短尾状渐尖，基部钝圆或近心形，具圆齿状锯齿；叶柄通常暗紫色。穗状花序腋生，先叶开放。花黄色，萼片 4 枚，黄绿色，卵形，花瓣 4 枚，卵形；雄蕊 8 枚，与花瓣等长；子房瓶状。柱头头状，不裂。果圆球形。①②③④

yīngzhǎofēng

破骨风，牵藤，三月藤 **鹰爪枫**

Holboellia coriacea Diels

科属：木通科，八月瓜属。

生境：山地杂木林或路旁灌丛中。

花期：4~5 月。

木质藤本。掌状复叶有小叶 3 枚，厚革质，椭圆形或卵状椭圆形。花雌雄同株，白绿色或紫色，组成短的伞房式总状花序。雌花显著较大，花梗较粗，萼片紫色。果长圆状柱形，熟时紫色，种子黑色。①②③

相近种　**钝药野木瓜** ***Stauntonia leucantha*** Y. C. Wu 伞房花序，花雌雄同株异序，淡绿白色④。

bànxià

半夏 地慈姑，地星

Pinellia ternata (Thunb.) Ten. ex Breitenb.

科属：天南星科，半夏属。

生境：草坡、荒地或疏林下。

花期：5~7 月。

多年生草本。块茎圆球形。叶 2~5 枚，幼叶卵状心形或戟形，全缘，老株叶 3 全裂，裂片绿色，长圆状椭圆形或披针形，侧裂片稍短，全缘或具不明显浅波状圆齿；叶柄基部具鞘，鞘内、鞘部以上或叶片基部具珠芽。佛焰苞绿色或绿白色，管部窄圆柱形，檐部长圆形，绿色，有时边缘青紫色；雌肉穗花序长 2 厘米，雄花序长 5~7 毫米；附属器绿色至青紫色，直立，有时弯曲。浆果卵圆形，黄绿色，花柱宿存。①②③④

báibèiniúwěicài

大伸筋 白背牛尾菜

Smilax nipponica Miq.

科属：百合科，菝葜属。

生境：林下、水旁或山坡草丛中。

花期：4~5 月。

一年生或多年生草本。直立或稍攀缘。茎草质，中空，无刺。叶卵形至矩圆形，基部浅心形至近圆形，下面苍白色且通常具粉尘状微柔毛。伞形花序；总花梗稍扁，有时很粗壮；花序托膨大，小苞片极小，早落；花绿黄色或白色，盛开时花被片外折；雄蕊的花丝明显长于花药；雌花与雄花大小相似，具 6 枚退化雄蕊。浆果，熟时黑色，有白色粉霜。①②③

相近种　**菝葜** ***Smilax china*** L. 茎木质，卷须粗壮，发达。花绿黄色，果熟时红色④。

zhōnghuájīnyāo

中华金腰 华金腰子，中华金腰子

Chrysosplenium sinicum Maxim.

科属：虎耳草科，金腰属。

生境：林下或山沟阴湿处。

花期：4~8 月。

①

②

③

④

多年生草本。全株无毛，不育枝发达。叶片宽卵形或近圆形，具钝齿。聚伞形花序稍密集，花少数；花黄绿色；萼片直立，宽卵形或宽椭圆形；雄蕊 8 枚，花丝钻形，花药黄色。蒴果。①②

相近种 **柔毛金腰** ***Chrysosplenium pilosum*** var. ***valdepilosum*** Ohwi 萼片直立，扁圆形、宽卵形或近圆形，先端钝圆或微凹③。**日本金腰** ***Chrysosplenium japonicum*** (Maxim.) Makino 茎及叶柄被白色疏柔毛。聚伞花序顶生；花萼片绿色，基部带黄色；雄蕊 4 枚④。

中文名索引

拉丁名索引

D

E

F

G

M

N

O

P

R

S

T

图片摄影者

（图片摄影者及页码、图片编号）

刘军 1①②③④,2①②④,3①②④,4①②③④,5①②④,6③④,7①②③④,8①②③④,9①②③④,10①②③④,11①②,12①②④,13①②④,14①③④,15①②③④,16①②③④,17①②③,18①②③,19①③④,20①③,21①②③,22①②③,23①②④,24①②,25①②,26①,27①②,28①②,29①②③④,30①③④,31①②③④,32①②③④,33①②③④,34②③④,35①②③④,36①②③④,37②③④,38①②③④,39①②③④,40①②④,41②③④,42③,43①②③④,44③,45①②,46②,47①②③④,48③④,50①②③④,51①②③④,52①③④,53①②③④,54①②④,55①②③④,56①②③④,57①②④,58①②③④,59①②③④,60①③④,61①②,62①④,63②,64①②③④,65②③④,66①②,67④,68②,69②③④,70①②,71①②③④,72①,73①②,74①②③④,75①②④,76①②,77①②④,78①③④,79①②③,80①②③④,81①③,82①②③④,83①③④,84①②③④,85①②③,86①③④,87①②③④,88①②③④,89①③,90①②,91①,92①②③④,94①②③④,95①②③④,96②③④,97①②④,98①②③,99①②③④,100③④,101①②④,102①②③④,103①②,104②③,105①②③④,106①②③,107①②④,108①②③,109①②③④,110①②③,111①②③④,112①②③④,113②④,114①②③④,116①②③④,117①②③④,118①②④,119①②,120②④,121①③④,122①②③④,123①②③,124①②④,125③,126①③,127①②④,128①②④,130①②③④,131①②③④,132①③④,133①②④,134①②③,135①②③,136①②③④,137①②③④,138①②③④,139①②③④,141①②,142①②,143①②③④,144①②③④,145③④,146①②③④,147①②④,148①②,149①②③④,150④,151①②③,152③,153①②③④,154②④,155①②③④,156①②③④,157①②,158①②③,159①②④,160①④,161①②③,162①④,163①②③④,164①②③④,165①②④,166①②③④,167②③④,168①②③④,169①②④,170①②③,171②③④,172①②③,174①②③④,175②③④,176②③④,177①②③④,178①②③④,179①②③④,180②③④,181①②③④,182①②③④,183①②,184②④,185①②③④,186④,187④,188①②③,189①②③④,190②④,193①②④,194①②③④,195①②③④,196①②,197①②④,198①②④,199①②③④,200①②,201③④,202①②③,203①②③④,204②③④,205①②③④,206①,207①②④,208①②③,209①②③,210①②③④,211①②③④,212①②③,213①③④,214①④,215①②③④,216①②④,217①③④,218①②,219①②③④,220①②③④,221①②③④,222①③④,223①②③,224①②③④,225①②③④,226①②④,227①②③④,229①②④,230①④ 刘冰 5③,20④,22④,27③,28④,37①,46④,54③,60②,66③④,67③,69①,70③④,72②,73④,78②,81②,90③,91②④,96①,104①④,108④,119④,120①,129③④,134④,141③④,150①③,158④,161④,172④,187③,196③,201①,212④,217②,218③,223④,228②,230②③ 李敏 6①,44①②,46①③,62②③,67①②,68①,85④,86②,100①,101③,103③④,140③,145①②,173①②,175①,180①,187①,200④,228① 徐晔春 23③,24③,34①,45③,76③,81④,83②,89②,93①③,110④,126④,128③,129①,152①②④,188④,192④,196④,214③,218④ 周繇 18④,19②,28③,42②④,57③,72③,127③,140①②,157④,192①②③,193③,228③④ 施忠辉 2③,14②,20②,26③④,61③,65①,106④,123④,150②,173④,186②,204①,209④,226③ 顾余兴 26②,30②,49③,63④,113①,125①④,133③,147③,170④,171①,229③ 陈又生 3③,44④,49④,63①③,79④,90④,113③,126②,184①,206④ 喻勋林 107③,115①,132②,135④,154①,160②③,162②③ 徐永福 11④,25③④,61④,115③④,186① 张宏伟 6②,11③,52②,120③,121②,159③,200③ 金宁 27④,49①②,91③,208④,214② 李晓东 12③,41①,100②,119③,184③,197③ 宋鼎 68④,183③④,198③,207③,216③ 华国军 48①②,167①,191②,222② 徐克学 97③,142③,148③④,202④ 叶喜阳 89④,125②,151④,191①③

致　谢

本手册能在短期内顺利出版，首先得益于本套丛书的各位合作者马欣堂、周繇、刘军、李晓东、金宁、宋鼎、朱强的通力合作，以及前期大量的野外工作和丰富的植物图片积累。感谢对本书编撰出版付出辛劳的中国科学院植物研究所数字植物项目组的同仁，宣晶对全书数据进行了规范化整理，赵明月负责在线编辑程序开发和数据输出，薛艳莉和郝丽华对全部图片进行前期处理和编辑。同时也要感谢河南科学技术出版社领导给予的特别支持，感谢杨秀芳编辑和她的同事们。

本书所有图片由中国植物图像库（www.plantphoto.cn）代理授权，感谢每一位摄影者的奉献。感谢中国在线植物志（www.eflora.cn）提供《中国植物志》《Flora of China》的植物分类及形态信息，感谢中国科学院植物研究所系统与进化植物学国家重点实验室及科技部基础条件平台标本资源项目对相关网站建设的支撑资助。

感谢我们所有家人的理解和支持，感谢所有朋友的关心和帮助，你们的支持和关爱是我们最大的精神支柱。

最后，特别感谢您——亲爱的读者，您对本书的阅读、使用和推介，是我们不断前行的动力。

李敏 谨识

二〇一四年九月于北京香山